Ulrike Bommas-Ebert

# Anatomie Band 1

## MEDI-LEARN Skriptenreihe

5., komplett überarbeitete Auflage

MEDI-LEARN Verlag GbR

**Autorin:** Ulrike Bommas-Ebert
**Fachlicher Beirat:** PD Dr. Rainer Viktor Haberberger

Teil 1 des Anatomiepaketes, nur im Paket erhältlich
ISBN-13: 978-3-938802-82-3

**Herausgeber:**
MEDI-LEARN Verlag GbR
Elisabethstraße 9, 35037 Marburg/Lahn

**Herstellung:**
MEDI-LEARN Kiel
Dorfstraße 57, 24107 Ottendorf
Tel. 0431 78025-0, Fax 0431 78025-262
E-Mail redaktion@medi-learn.de
www.medi-learn.de

**Verlagsredaktion:**
Dr. Marlies Weier, Désirée Weber, Denise Drdacky, Jens Plasger, Ines Behlert, Kare Ahlschwede, Christian Weier, Janina Sörensen, Kirsten Reinfeld

**Layout und Satz:**
Fritz Ramcke, Kristina Junghans, Christian Gottschalk, Kira Süther, Julia Petersen, Arne von Bassi

**Grafiker:**
Dr. Günter Körtner, Irina Kart, Alexander Dospil, Christine Marx

**Illustration:**
Daniel Lüdeling

**Druck:**
Messedruck Leipzig GmbH

5. Auflage 2012


**Wichtiger Hinweis für alle Leser**
Die Medizin ist als Naturwissenschaft ständigen Veränderungen und Neuerungen unterworfen. Sowohl die Forschung als auch klinische Erfahrungen führen dazu, dass der Wissensstand ständig erweitert wird. Dies gilt insbesondere für medikamentöse Therapie und andere Behandlungen. Alle Dosierungen oder Applikationen in diesem Buch unterliegen diesen Veränderungen.
Obwohl das MEDI-LEARN Team größte Sorgfalt in Bezug auf die Angabe von Dosierungen oder Applikationen hat walten lassen, kann es hierfür keine Gewähr übernehmen. Jeder Leser ist angehalten, durch genaue Lektüre der Beipackzettel oder Rücksprache mit einem Spezialisten zu überprüfen, ob die Dosierung oder die Applikationsdauer oder -menge zutrifft. Jede Dosierung oder Applikation erfolgt auf eigene Gefahr des Benutzers. Sollten Fehler auffallen, bitten wir dringend darum, uns darüber in Kenntnis zu setzen.

# Vorwort

Liebe Leserin, lieber Leser,

zu viel Stoff und zu wenig Zeit – diese zwei Faktoren führen stets zu demselben unschönen Ergebnis: Prüfungsstress!

Was soll ich lernen? Wie soll ich lernen? Wie kann ich bis zur Prüfung noch all das verstehen, was ich bisher nicht verstanden habe? Die Antworten auf diese Fragen liegen meist im Dunkeln, die Mission Prüfungsvorbereitung erscheint vielen von vornherein unmöglich. Mit der MEDI-LEARN Skriptenreihe greifen wir dir genau bei diesen Problemen fachlich und lernstrategisch unter die Arme.

Wir helfen dir, die enorme Faktenflut des Prüfungsstoffes zu minimieren und gleichzeitig deine Bestehenschancen zu maximieren. Dazu haben unsere Autoren die bisherigen Examina (vor allem die aktuelleren) sowie mehr als 5000 Prüfungsprotokolle analysiert. Durch den Ausschluss von „exotischen", d. h. nur sehr selten gefragten Themen, und die Identifizierung immer wiederkehrender Inhalte konnte das bestehensrelevante Wissen isoliert werden. Eine didaktisch sinnvolle und nachvollziehbare Präsentation der Prüfungsinhalte sorgt für das notwendige Verständnis.

Grundsätzlich sollte deine Examensvorbereitung systematisch angegangen werden. Hier unsere Empfehlungen für die einzelnen Phasen deines Prüfungscountdowns:

**Phase 1: Das Semester vor dem Physikum**
Idealerweise solltest du schon jetzt mit der Erarbeitung des Lernstoffs beginnen. So stehen dir für jedes Skript im Durchschnitt drei Tage zur Verfügung. Durch themenweises Kreuzen kannst du das Gelernte fest im Gedächtnis verankern.

**Phase 2: Die Zeit zwischen Vorlesungsende und Physikum**
Jetzt solltest du täglich ein Skript wiederholen und parallel dazu das entsprechende Fach kreuzen. Unser „30-Tage-Lernplan" hilft dir bei der optimalen Verteilung des Lernpensums auf machbare Portionen. Den Lernplan findest du in Kurzform auf dem Lesezeichen in diesem Skript bzw. du bekommst ihn kostenlos auf unseren Internetseiten oder im Fachbuchhandel.

**Phase 3: Die letzten Tage vor der Prüfung**
In der heißen Phase der Vorbereitung steht das Kreuzen im Mittelpunkt (jeweils abwechselnd Tag 1 und 2 der aktuellsten Examina). Die Skripte dienen dir jetzt als Nachschlagewerke und – nach dem schriftlichen Prüfungsteil – zur Vorbereitung auf die mündliche Prüfung (siehe „Fürs Mündliche").

Weitere Tipps zur Optimierung deiner persönlichen Prüfungsvorbereitung findest du in dem Band „Lernstrategien, MC-Techniken und Prüfungsrhetorik".

Eine erfolgreiche Prüfungsvorbereitung und viel Glück für das bevorstehende Examen wünscht dir

Dein MEDI-LEARN Team

# Inhalt

# 1 Allgemeine Entwicklungsgeschichte und Plazentation

Fragen in den letzten 10 Examen: 24



Die Entwicklung des Kindes kann man in die Embryonalentwicklung (Zeitraum der Entwicklung der Keimblätter und der einzelnen Organe) und die Fetalentwicklung (Zeitraum der Organreifung) unterteilen. Im schriftlichen Examen wird die Embryonalentwicklung jedoch eingeteilt in

- die **allgemeine Entwicklungsgeschichte und Plazentation** und
- die **Organentwicklung**.

In der Gliederung des Gegenstandskatalogs und damit auch in vielen Büchern wie z. B. der Schwarzen Reihe wird die allgemeine Entwicklungsgeschichte und Plazentation im ersten Kapitel behandelt und die Organentwicklung häufig den Kapiteln der einzelnen Organe voran gestellt. In diesem Skript wird – zum besseren Verständnis – die gesamte Entwicklung chronologisch dargestellt, also vom Anfang bis zum Ende.

„Allgemeine Entwicklungsgeschichte" bezeichnet den Vorgang der Entwicklung von der Befruchtung bis zum Beginn der Entwicklung der einzelnen Organe. Die Entwicklung der Organe selbst gehört dagegen schon zum speziellen Teil der Entwicklungsgeschichte. Der Begriff Plazentation umfasst die Einnistung der befruchteten Eizelle in der Plazenta und die Entwicklung der Plazenta.
Aus diesem Kapitel wird im Examen besonders die Entwicklung der Plazenta und der Keimblätter geprüft.

## 1.1 Embryonalentwicklung

Hier werden zunächst noch allgemeine Fakten zur Entwicklung des Embryos besprochen, um die Orientierung im Dschungel der unterschiedlichen Begriffe zu erleichtern.

### 1.1.1 Einteilung der pränatalen Zeit

Der Zeitraum vor der Geburt wird in drei verschiedene Stadien eingeteilt:

- **Die Vorembryonalperiode** = 1. bis 7. Tag p.c. (post conceptionem, = nach der Befruchtung). Dies ist der Zeitraum von der Befruchtung bis zur Einnistung der Eizelle. Missbildungen in diesem Zeitraum sind Spalt- und Doppelmissbildungen.
- **Die Embryonalperiode** = 2. bis 8. Entwicklungswoche. Dies ist der Zeitraum der Entwicklung der einzelnen Organe (Organogenese) und der menschlichen Gestalt. Missbildungen in diesem Zeitraum sind Organ- und Extremitätenmissbildungen.
- **Die Fetalperiode** = 9. bis ca. 38. Entwicklungswoche (bis zur Geburt). Dies ist der Zeitraum der Organreifung (am langsamsten reift übrigens die Lunge, s. 2.7.4, S. 49). Eine Schädigung des Embryos in dieser Zeit kann zum Abort führen.

Am **Anfang der Embryonalperiode** (3.–4. Entwicklungswoche) ist auf der Körperoberfläche des Embryos das Relief der **Somiten** noch zu erkennen. Die Somiten sind würfelförmige Segmente (zunächst 1 bis 4, am Ende bis zu 35), aus denen sich das Sklerotom (Anlage für die Wirbelsäule), das Dermatom (Anlage zur Bildung der Dermis) und das Myotom (Anlage zur Bildung der Muskulatur) entwickeln.
Am **Ende der Embryonalperiode** ist die Entwicklung der Organe beendet, und der Embryo weist keine Somiten mehr auf. Zu diesem Zeitpunkt sieht er dem „fertigen" Kind schon sehr ähnlich, obwohl er nur eine Größe von ca. **30 mm** hat. Ebenfalls am Ende der Embryonalperiode befinden sich bei weiblichen Embryos die Eizellen (für die nächste Generation) in der Pause während der ersten Reifeteilung. Diese Pause dauert bis jeweils kurz vor dem Eisprung der einzelnen Eizelle (s. Abb. 2, S. 4).

Die Bezeichnungen **Entwicklungs- und Schwangerschaftswochen** sind **NICHT** synonym! Die erste **Entwicklungswoche** beginnt direkt **nach** der Befruchtung der Eizelle. Die Entwicklungswochen bezeichnen also das tatsächliche Alter des Embryos. Die Rechnung erfolgt in Tagen/Wochen **post conceptionem**, also vom genauen Zeitpunkt der Befruchtung ausgehend. Schwangere Frauen können zumeist aber den genauen Tag der Befruchtung nicht angeben. Vom Gynäkologen wird deshalb zurückgerechnet bis zur letzten **Menstruationsblutung**. Die Rechnung beginnt also **post menstruationem**, und den errechneten Zeitraum gibt man in **Schwangerschaftswochen** an. Zwischen der Menstruation und dem Eisprung (und damit der Befruchtung) liegen 14 Tage. Schwangerschaftswochen entsprechen daher den Entwicklungswochen plus zwei Wochen: die 1. Entwicklungswoche entspricht also der 3. Schwangerschaftswoche etc.

## 1.2 Keimzellentwicklung

Die Eizellen und Spermien, die für die Entstehung eines Kindes erforderlich sind, entstehen bereits im Embryo der Eltern. Um die komplette Entwicklung ganz von Anfang an zu beschreiben, wird hier mit der Entwicklung der Keimzellen (Eizellen und Spermien) begonnen.

### 1.2.1 Allgemeines zur Entstehung von Zellen

Nach der Vereinigung von Spermium und Eizelle (Befruchtung) entsteht als Erstes eine Zygote (s. Abb. 1, Abb. 4 a, Abb. 4 b und Abb. 5, S. 11 und 12), dann folgt das Blastomeren- und das Morulastadium. Die Zellen dieser drei Stadien sind **omnipotent**, d. h., aus jeder Zelle kann alles (jede Struktur und jedes Organ des Körpers, also auch Keimzellen) entstehen. Im darauf folgenden Blastozystenstadium erfolgt eine erste Differenzierung. Die Blastozyste weist bereits zwei verschiedene Zelltypen auf:

- die **Trophoblastenzellen**, die für die Entstehung der Plazenta verantwortlich sind und
- die **Embryoblastenzellen**, die den Embryo mit allen Organen und Strukturen bilden, also auch mit den Keimzellen, dem Dottersack, dem Amnion etc.

Diese Zellen sind nur noch **pluripotent**, d. h., sie können viele verschiedene Dinge bilden, haben aber bereits eine erste Spezialisierung durchlaufen.

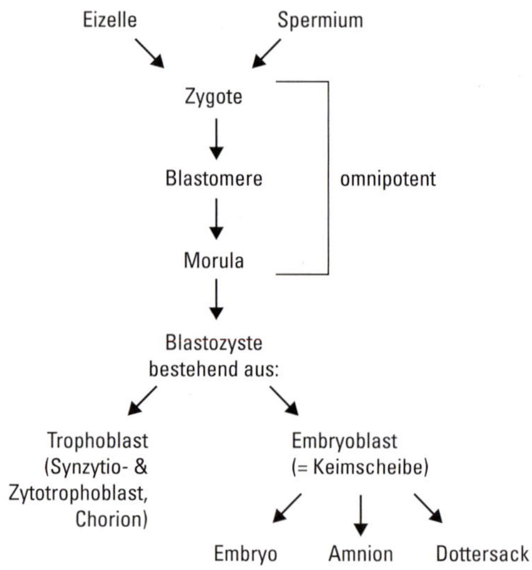


**Abb. 1: Zelldifferenzierung**

*medi-learn.de/ana1-1*

### 1.2.2 Entstehung der Keimzellen

Etwa in der 2. Entwicklungswoche bildet der Embryo ein flüssigkeitsgefülltes Säckchen vor dem Bauch aus, den (sekundären) Dottersack. In den Zellen der Dottersackwand beginnt die Blutbildung. Aus der Wand des Dottersacks wandern einige Zellen amöboid in den Embryo ein. Diese Zellen bezeichnet man auch als Urkeimzellen. Sie wandern in die Gonadenanlage ein und entwickeln sich, je nach Geschlecht des Embryos, zu Oozyten oder Spermatozyten weiter.

Der Dottersack spielt beim physiologischen Nabelbruch (s. Abb. 20, S. 61) eine wichtige Rolle.
Berücksichtigt man die Entwicklungsstadien der Zellen im Allgemeinen, so lässt sich sagen, dass Keimzellen u. a. entstehen können aus

- Blastomeren,
- Embryoblastenzellen und
- Zellen der Dottersackwand.

Alle Zellen, aus denen Keimzellen entstehen können, bezeichnet man auch als zugehörig zur **Keimbahn**. Keimzellen entstehen dagegen NICHT aus Trophoblastenzellen. Trophoblastenzellen bilden ausschließlich die Zellen der Plazenta (s. Abb. 1).

**Übrigens ...**
Zur Präimplantationsdiagnostik (PID) nutzt man entweder die omnipotenten Zellen der Blastomeren/Morula oder die pluripotenten Zellen des Embryoblasten.

### Oogenese (Entwicklung der Eizelle)

Eine Eizelle hat zwei verschiedene Bezeichnungen, die vom Chromosomensatz der Eizelle abhängen:
- **primäre Oozyten** weisen den doppelten Chromosomensatz auf,
- **sekundäre Oozyten** den halben.

Die Bezeichnung des Follikels (Primordial-, Primär-, Sekundär-,Tertiär- und Graaf-Follikel) beschreibt das histologische Aussehen und das Reifestadium des Follikels (s. Abb. 2, S. 4).

**Reifeteilungen der Oozyte:** In der frühen Fetalperiode erfolgt eine starke Vermehrung der Oogonien. Noch vor der Geburt starten die primären Oozyten mit der ersten Reifeteilung, und dann kommt das Päuslein – inmitten der ersten Reifeteilung (Meiose I). Diese Pause dauert bis kurz vor dem jeweiligen Eisprung, da erst zu diesem Zeitpunkt die erste Reifeteilung beendet wird. Man nennt diese Ruhephase Diktyotän. Während des Eisprungs beginnt die zweite Reifeteilung. Diese wird nur beendet, wenn die Eizelle befruchtet wird. Für die Oogenese des Menschen gilt daher:
- Die Oozyten verbleiben im Zeitraum vor der Geburt bis zur Pubertät – bzw. bis kurz vor dem Eisprung der einzelnen Oozyte – in der Prophase der Meiose I.
- Während eines Zyklus vollendet jeweils eine Oozyte die Meiose I und tritt vor der Ovulation in die Meiose II ein.
- Während die Meiose II noch im Gang ist, kommt es bereits zur Ovulation.
- Die Meiose II wird nur beendet, wenn es zur Befruchtung der Eizelle kommt.

Da aus einer primären Oozyte nur EINE reife Oozyte entsteht, bleiben bei jeder Reifeteilung Chromosomen übrig. Diese werden als **Polkörperchen** am Rand der Eizelle abgelagert und haben keine weitere Funktion.

**Histologie der Oozyte:** Jede Oozyte ist von Anfang an von einer Zellmembran – der **Zona pellucida** (Eihaut) – umgeben; sie wird erst im Blastozystenstadium vom Trophoblasten ersetzt.
- Der Primordialfollikel weist ein einschichtig flaches, der Primärfollikel ein einschichtig kubisches Epithel auf.
- Der Sekundärfollikel weist ein mehrschichtiges Epithel (Follikelepithel = Stratum granulosum) und eine Theca folliculi auf.
- Der Tertiärfollikel (Graaf-Follikel) bildet eine Follikelhöhle aus; die eigentliche Eizelle liegt auf einer Art Zellhügel, dem Cumulus oophorus. Der reife Follikel weist zusätzlich eine Theca externa und eine Theca interna (wichtigste Produktionsquelle für Östrogene) auf.

Im Graaf-Follikel liegt der Eizelle die Zona pellucida unmittelbar an, gefolgt von der Corona radiata, der Theca interna und der Theca externa.

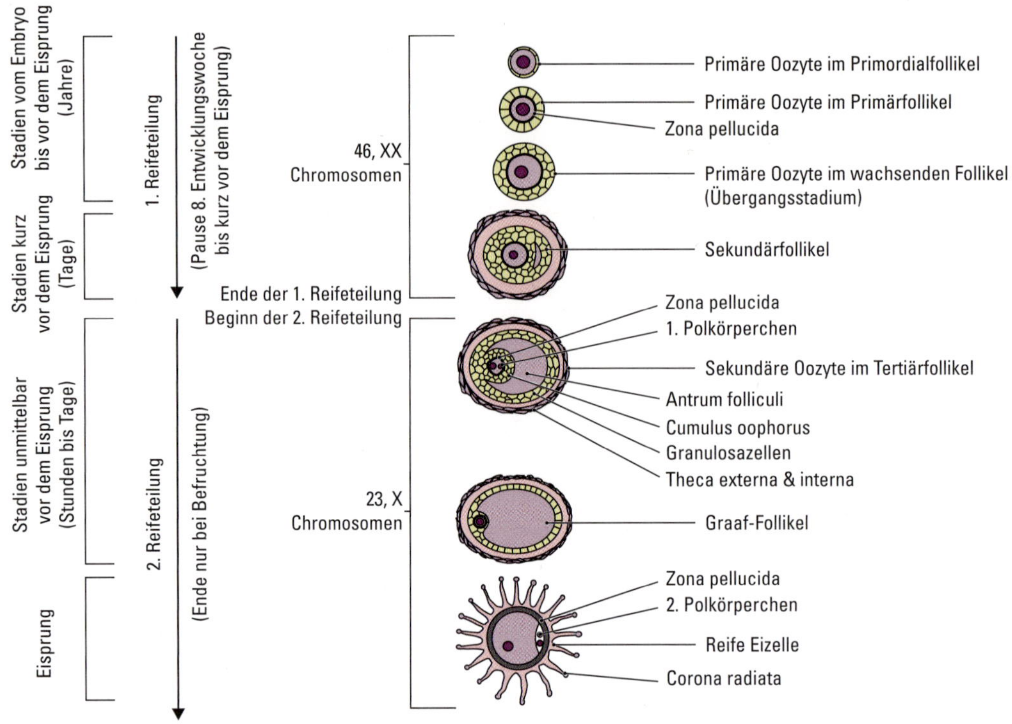


**Abb. 2: Oogenese und reife Eizelle** *medi-learn.de/ana1-2*

**Übrigens ...**
Manche Bücher (allerdings NICHT die Fragen des schriftlichen Examens) zählen den sprungreifen Follikel als Quartärfollikel extra auf. In den Physikumsfragen steht in der Regel einfach „sprungreifer Follikel".

Beim Eisprung lösen sich einige Follikelepithelzellen und Bindegewebe mit ab und umgeben die Eizelle zu **Beginn der Tubenwanderung** als **Corona radiata**. Eine eigenständige Aufgabe hat diese Corona nicht. Die sie bildenden Zellen werden im weiteren Verlauf der Tubenwanderung einfach abgeschilfert. Bei der Ovulation durchbricht die Oozyte folgende Schichten:
- die Granulosa-Zellschicht,
- die Theca interna,
- die Theca externa und
- das Peritonealepithel (Ovarialepithel).

Die **Corona radiata** und die **Zona pellucida** aber umgeben die Eizelle und werden somit bei der **Ovulation NICHT** durchbrochen (dafür dann aber später vom Spermium).

**Übrigens ...**
Der menschliche Keim ist von seiner Entstehung bis kurz vor seiner Implantation von der Zona pellucida umgeben.

### Spermatogenese

Die Bezeichnung **primäre** und **sekundäre** Spermatozyte bezeichnet genau wie bei der Eizelle, den Chromosomensatz:
- Primäre Spermatozyten haben einen doppelten Chromosomensatz,
- sekundäre Spermatozyten einen halben.

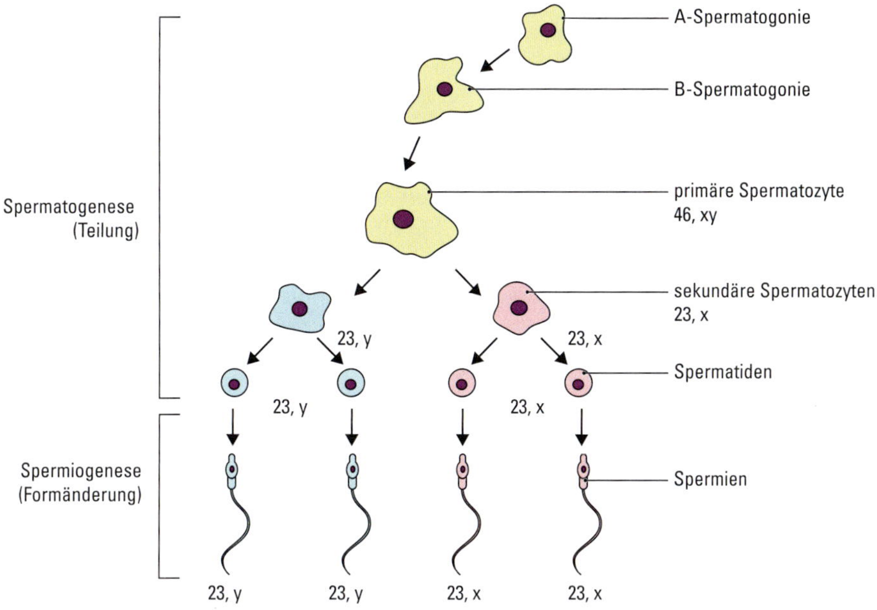


**Abb. 3 a: Spermato- und Spermiogenese**

*medi-learn.de/ana1-3a*

Im Gegensatz zu den Oozyten beginnen die Spermatozyten erst in der **Pubertät** mit der Reifeteilung und es werden keine Pausen während oder zwischen den Teilungen gemacht. Außerdem entstehen aus einer Spermatogonie vier Spermien (s. Abb. 3 a).

**Übrigens …**
Den Zeitraum der Teilung bezeichnet man als **Spermatogenese**, den Zeitraum der Differenzierung der Form als **Spermiogenese** (s. Abb. 3 a).

Vom Kopf bis zum Schwanz enthält ein Spermium folgende Strukturen:
- das Akrosom befindet sich an der Spitze des Kopfes,
- ebenfalls im Kopf befindet sich der Chromosomensatz (23, X oder 23, Y),
- im Spermienhals sitzt das Zentriol,
- im Schwanz findet man die Mitochondrien und
- ebenfalls im Schwanz sitzen die Mikrotubuli.

Neben dieser Einteilung kann man den Schwanz des Spermiums auch in Haupt-, Mittel- und Endstück gliedern. In den reifen Spermien befinden sich die Mitochondrien vorwiegend im Mittelstück (ein Teil des Schwanzes), die Mikrotubuli dagegen im Hauptstück (ebenfalls ein Teil des Schwanzes). Das letzte Stück des Spermiums bezeichnet man auch als Endstück (s. Abb. 4 a, S. 11).

Die am Kopf des Spermiums lokalisierten **Akrosomen** sind **Lysosomenäquivalente**. Die lysosomalen Enzyme benötigt das Spermium für die **Imprägnation** (sein Eindringen in die Eizelle).

Von der Spermatogonienteilung bis zur Einlagerung befruchtungsfähiger Spermatozoen im Speicher des Nebenhodens vergehen ca. **64–80 Tage** oder in Wochen gesprochen: ca. **9–11 Wochen**.

**Merke!**

In 80 Tagen durch den Hoden.

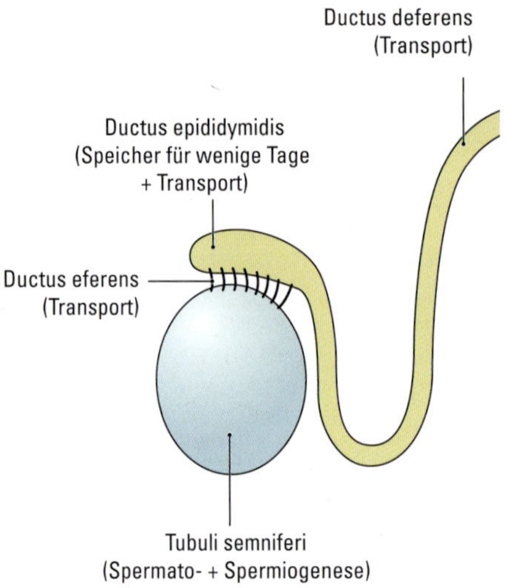


**Abb. 3 b: „Wanderung" der Spermien**

*medi-learn.de/ana1-3b*

Die Teilung und Differenzierung der Spermatogonien findet in den **Tubuli seminiferi** statt. Über die **Ductuli efferentes** und die dort ansässigen **Kinozilien** erfolgt der Transport der Spermien in den **Ductus epididymidis** (**Nebenhoden**). Dort befinden sich **Stereozilien**, an die sich die Spermien „andocken" und in einer **Säurestarre** gehalten werden. Die unreifen Spermien wandern ca. 14 Tage durch den Nebenhoden und sind erst dann zu Bewegungen fähig. Nach wenigenTagen werden die Spermien dann dort entweder über den **Ductus deferens** (hat drei Muskelschichten) nach außen abgegeben oder von Gewebsmakrophagen abgebaut (s. Abb. 3 b).

## DAS BRINGT PUNKTE

Beim Thema **Embryonalentwicklung** sind sowohl die Einteilung der **pränatalen Zeit** als auch die Unterscheidung zwischen **Embryonal- und Schwangerschaftswochen** für das schriftliche und das mündliche Examen sehr wichtig. So sind z. B. die Aussagen richtig, dass

- die Organogenese in der 2.–8. Entwicklungswoche stattfindet.
- die Organogenese in der 4.–10. Schwangerschaftswoche stattfindet.

Hat man Abb. 1, S. 2 verstanden, so lassen sich sehr viele verschiedene Embryo-Fragen beantworten. Daher ist es sehr lohnend, sich diese Abbildung einzuprägen.
Was die **Keimzellentwicklung** betrifft, solltet ihr euch fürs Schriftliche merken, dass

- zur Keimbahn (Zellen, aus denen Keimzellen entstehen können) u. a. Zygote, Blastomere, Morula, Embryoblast und die Zellen des Dottersacks zählen und
- aus Zellen mit der Endung „-trophoblast" nur die Plazenta und somit auch das Chorion, aber keine Strukturen im Embryo entstehen.

Die **Oogenese** und die **Spermatogenese** werden häufig im Schriftlichen gefragt, gerne auch im Rahmen einer Listenfrage.
Die am häufigsten gefragten Lösungen sind hier noch einmal aufgeführt:

- Eizellen beginnen in die erste Reifeteilung einzutreten am Ende der Embryonalperiode/Anfang der Fetalperiode.
- Die Oozyten verbleiben im Zeitraum vor der Geburt bis zur Pubertät in der Prophase der Meiose I.
- Vor der Ovulation treten die Oozyten in die Meiose II ein.
- Zum Zeitpunkt der Besamung (darunter wird im schriftlichen Physikum der Geschlechtsakt verstanden) ist die Meiose II noch nicht abgeschlossen.
- Die zweite Reifeteilung wird nur bei Befruchtung der Eizelle beendet.

Zur **Spermatogenese** werden vor allem drei verschiedene Sachverhalte immer wieder gefragt:

- Spermatogonien beginnen in der Pubertät in die erste Reifeteilung einzutreten.
- Die Aufgabe des Akrosoms ist es, das Eindringen des Spermiums in die Eizelle zu ermöglichen.
- Die Spermatogenese dauert 80 Tage bzw. 9–11 Wochen.

## FÜRS MÜNDLICHE

Zur Einstimmung auf dieses Skript folgen hier die ersten Fragen zur Entwicklungsgeschichte und Plazentation. Überprüfe dein Wissen alleine oder in der Lerngruppe:

1. **Bitte erläutern Sie, was Somiten sind.**
2. **Erläutern Sie bitte den Unterschied zwischen Entwicklungs- und Schwangerschaftswochen.**
3. **Bitte erklären Sie, was eine Zygote ist.**
4. **Erklären Sie bitte, welche Zellen zur Keimbahn gehören.**
5. **Bitte erläutern Sie, wann der Embryo schon in etwa das Aussehen des späteren Kindes hat.**

## FÜRS MÜNDLICHE

**6. Bitte erklären Sie, was die Bezeichnungen „primäre und sekundäre Oozyte" beschreiben.**

**7. Erläutern Sie bitte, was die Bezeichnung des Follikels beschreibt.**

**8. Erläutern Sie, wann die zweite Reifeteilung beendet wird.**

**9. Bitte erklären Sie, was mit Spermato-, was mit Spermiogenese bezeichnet wird.**

**10. Welche Unterschiede in der weiblichen und männlichen Keimzellenentwicklung kennen Sie?**

---

**1. Bitte erläutern Sie, was Somiten sind.**
Somiten sind würfelförmige Segmente, die in etwa ab der 3. Entwicklungswoche entstehen. Aus ihnen entsteht ein Dermatom, ein Myotom und ein Sklerotom.

**2. Erläutern Sie bitte den Unterschied zwischen Entwicklungs- und Schwangerschaftswochen.**
Mit Entwicklungswochen bezeichnet man die Zeit post conceptionem, also nach der Befruchtung. Mit Schwangerschaftswochen bezeichnet man die Zeit post menstruationem, also nach dem ersten Tag der letzten Regelblutung. Die Differenz zwischen den beiden Zeitangaben beträgt zwei Wochen.

**3. Bitte erklären Sie, was eine Zygote ist.**
Eine Zygote ist die erste Struktur, die nach der Vereinigung von Eizelle und Spermium nach der Teilung entsteht. Mit Zygote wird also das Zweizellstadium bezeichnet.

**4. Erklären Sie bitte, welche Zellen zur Keimbahn gehören.**
Die Zellen der Zygote, der Blastomere, der Morula, des Embryoblasten, des Dottersacks und die Urkeimzellen.

**5. Bitte erläutern Sie, wann der Embryo schon in etwa das Aussehen des späteren Kindes hat.**
Am Ende der Embryonalperiode (etwa in der 8. Entwicklungswoche) hat der Embryo zwar nur eine Größe von 3 cm, aber schon in etwa die äußere Körperform des späteren Kindes. Kenntnisse über die Oogenese werden auch gerne im Mündlichen verlangt. Hier sollte man die Oogenese in wenigen Worten treffend wiedergeben können.

**6. Bitte erklären Sie, was die Bezeichnungen „primäre und sekundäre Oozyte" beschreiben.**
Die Bezeichnung „primäre Oozyte" legt fest, dass hier noch der diploide Chromosomensatz vorhanden ist. Bei der „sekundären Oozyte" hat die erste Reifeteilung bereits stattgefunden und es liegt nur noch der haploide Chromosomensatz vor.

**7. Erläutern Sie bitte, was die Bezeichnung des Follikels beschreibt.**
Die Bezeichnung des Follikels als Primordial-, Primär-, Sekundär- oder Tertiärfollikel lässt Rückschlüsse auf das Aussehen des Follikels zu:
- Primordialfollikel = einschichtig flaches Epithel,
- Primärfollikel = einschichtig kubisches Epithel,
- Sekundärfollikel = Theca externa und interna, mehrere Schichten,
- Tertiärfollikel = mehrere Epithelschichten und Follikelhöhle.

**8. Erläutern Sie, wann die zweite Reifeteilung beendet wird.**
Die zweite Reifeteilung wird nur dann beendet, wenn die Eizelle befruchtet wird.

Unbedingt parat haben sollte man im Mündlichen die Spermato- und Spermiogenese mit dem Zeitpunkt der Reifeteilungen sowie die Unterschiede zwischen der männlichen und weiblichen Keimzellentwicklung.

**9. Bitte erklären Sie, was mit Spermato-, was mit Spermiogenese bezeichnet wird.**

- Unter Spermatogenese versteht man im Wesentlichen den Vorgang der Zellteilung.
- Unter Spermiogenese die sich anschließende Zellreifung mit der Änderung der äußeren Form bis hin zur Entstehung des fertigen Spermiums.

**10. Welche Unterschiede in der weiblichen und männlichen Keimzellenentwicklung kennen Sie?**

- Die weibliche Zellteilung beginnt bereits am Ende der Embryonal-/Anfang der Fetalperiode, die männliche erst ab der Pubertät.
- Aus einer weiblichen Urkeimzelle entsteht eine reife Eizelle, aus einer männlichen Urkeimzelle entstehen vier reife Spermien.
- Die Spermien beenden ihre zweite Reifeteilung immer, die Eizellen nur bei der Befruchtung.

Mehr Cartoons unter www.medi-learn.de/cartoons

# Pause

Erste Pause! Hier was zum Grinsen für Zwischendurch ...

## 1.3 Vereinigung von Eizelle und Spermium

Oder: Was genau passiert beim Akt? Zunächst einmal ist der Akt wirklich ein Akt – zumindest für die Spermien. Die müssen nämlich auf dem Weg zu der Eizelle einige Hindernisse überwinden und viele Gefahren überstehen, was für viele tödlich endet. Hat es ein Spermium – trotz aller Widrigkeiten – bis zum Ziel seiner Wünsche geschafft, so durchdringt es mit Hilfe seines Akrosoms auf seinem Weg zur Eizelle zunächst die **Corona radiata** und dann die **Zona pellucida** (s. Abb. 4 a und Abb. 4 b).

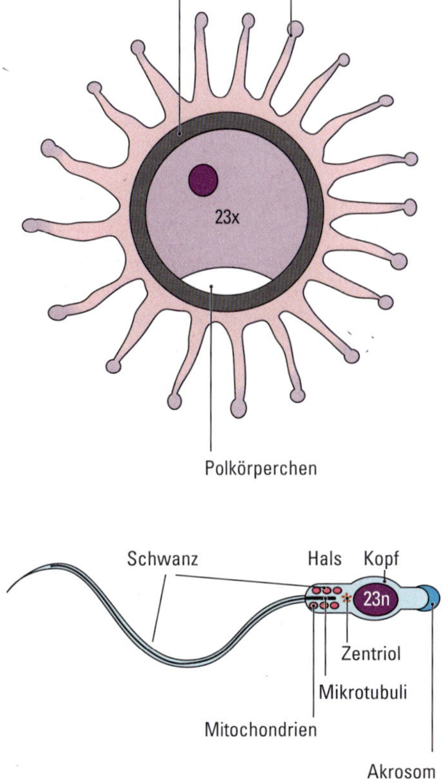


**Abb. 4 a: Eizelle und Spermium**

*medi-learn.de/ana1-4a*

Während dieses Vorgangs wird auch die **zweite Reifeteilung beendet**. Nach der **Imprägnation** (dem Eindringen des Spermienkopfs in die Eizelle) beginnt die **Vorembryonalperiode**. Dabei entsteht in der Tuba uterina zunächst die **Zygote** (Zweizellstadium), dann die **Blastomeren**, die **Morula** und die **Blastozyste**. Die Einnistung (Nidation) in das Stratum functionale des Uterus der Blastozyste erfolgt nach ca. **6–7 Tagen**. Mit der Einnistung der Blastozyste erfolgt die Differenzierung des Trophoblasten zum **Synzytio**- und zum **Zytotrophoblasten**. Eine erste Differenzierung der Zellen findet bei Erreichen des Blastozystenstadiums statt (s. Abb. 1, S. 2 und Abb. 5, S. 12).

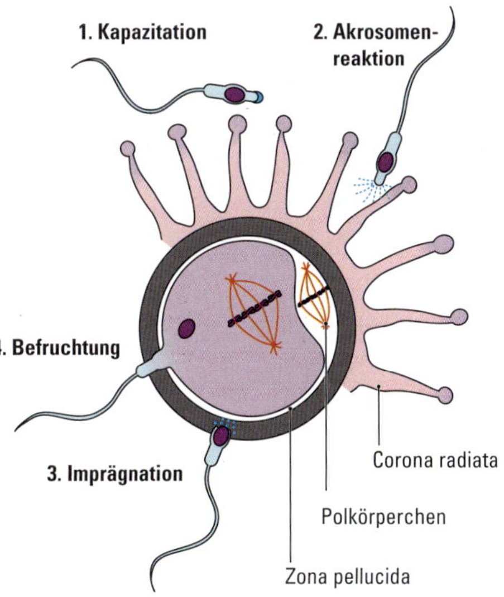


**Abb. 4 b: Darstellung der einzelnen Schritte des Eindringens des Spermiums in die Eizelle**

*medi-learn.de/ana1-4b*

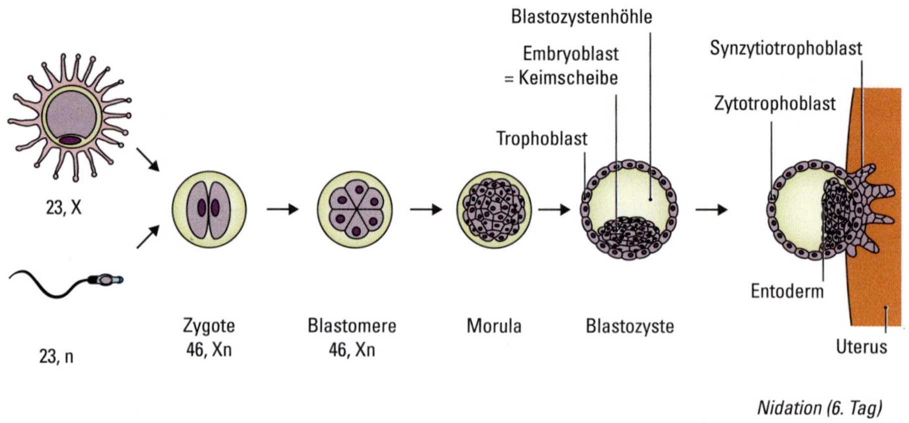


**Abb. 5: Zelldifferenzierung** *medi-learn.de/ana1-5*

### 1.4 Einnistung der befruchteten Eizelle

Nach abgeschlossener intenstitieller Implantation (7. Tag) befindet sich die Blastozyste in der **Zona compacta** des Endometriums. Die Wand des Uterus kann man einteilen in das

- **Stratum functionale**, das während der Regelblutung abgestoßen wird und aus dem **Epithel** (einschichtig, wäre daher etwas schmal für die Einnistung), der Zona **compacta** und der **Zona spongiosa** besteht,
- **Stratum basale**, von dem aus nach jeder Blutung die Regeneration des Endometriums stattfindet (diese Schicht wird also weder bei der Regelblutung abgestoßen noch von der Plazenta oder dem Lysozym der Synzytiotrophoblasten angegriffen) und
- **Myometrium**.

Die Blastozyste nistet sich meist an der Hinterwand des Uterus ein, schließlich kommt sie dort auch als erstes vorbei, wenn sie die Tube verlässt ...

### 1.5 Entwicklung des Gelbkörpers

Nach dem Eisprung (durch Stimulation mit FSH aus der Hypophyse sowie dem LH-Anstieg) bleiben die Follikelepithelzellen und die Granulosazellen im Ovar zurück. Durch Vaskularisierung und Einblutung entsteht im Ovar aus den Granulosazellen zunächst ein **Corpus rubrum** (heißt tatsächlich wegen des vermehrten Blutgehalts so). Unter Einfluss von LH (ebenfalls aus der Hypophyse) wird dann innerhalb von wenigen Tagen durch die Zellen des Corpus rubrum Progesteron gebildet und es entsteht das **Corpus luteum menstruationis**. Da sich zu diesem Zeitpunkt die befruchtete oder auch nicht befruchtete Eizelle noch irgendwo mitten in der Tubenwanderung befindet und gar nicht klar ist, ob eine Schwangerschaft entsteht, heißt der progesteronproduzierende Körper also erstmal Corpus luteum menstruationis; er wird durch **LH** stimuliert. Hat eine Befruchtung der Eizelle stattgefunden, so wird durch Stimulation von **HCG** (humanes Chorion-Gonadrotopin) im Corpus luteum weiter Progesteron gebildet und man nennt den Gelbkörper dann **Corpus luteum graviditatis**. Das HCG stammt aus dem Synzytiotrophoblasten der befruchteten Eizelle, die zwischenzeitlich (ungefähr nach einer Woche) im Uterus angekommen ist und sich in der Pars compacta eingenistet sowie eine Plazenta ausgebildet hat. Lassen die Stimulation durch LH und/oder FSH dagegen nach (wenn KEINE Befruchtung stattgefunden hat und sich daher auch KEINE befruchtete Eizelle einnistet und HCG produziert), so degeneriert der Gelbkörper zum **Corpus albicans**, ebenso am Ende der Schwangerschaft.

**Übrigens ...**
10 Tage nach dem Eisprung liegt KEIN Corpus rubrum mehr vor, sondern ein Corpus luteum. Außerdem finden sich im Ovar natürlich auch Corpora albicans (von vorausgegangenen Zyklen) sowie tertiäre (für weitere Zyklen) und atretische Follikel.
Ab der Mitte der Schwangerschaft produziert auch der Synzytiotrophoblast Progesteron; gegen Ende der Schwangerschaft übernimmt er die Progesteronproduktion sogar ganz.

## 1.6 Plazenta

Die Plazenta entsteht aus dem Trophoblasten der Blastozyste. Dieser differenziert sich zum Synzytiotrophoblasten und zum Zytotrophoblasten.

### 1.6.1 Synzytiotrophoblast

Der Synzytiotrophoblast bildet ein echtes Synzytium, d. h. er weist keinerlei Zellgrenzen und somit auch keine Schichtung auf. Er grenzt direkt an das Uterusgewebe und sezerniert lysosomale Enzyme, um die vollständige Einnistung der Blastozyste in das Stratum functionale (Pars compacta) des Uterus zu ermöglichen. Gegen Ende der Schwangerschaft besitzt das Synzytium der Plazentazotten Mikrovilli. Diese Oberflächenvergrößerung ist erforderlich, da der Synzytiotrophoblast aus dem mütterlichen Blut nicht nur Sauerstoff sondern auch jede Menge Nährstoffe für den Embryo aufnehmen muss.

Der Synzytiotrophoblast entsteht durch Teilung aus dem Zytotrophoblasten. Damit ist der Trophoblast also an der Bildung der Plazenta beteiligt. Der Synzytiotrophoblast selbst teilt sich aber NICHT.
Der Synzytiotrophoblast bestimmt in großem Maße die Barriereeigenschaften der Plazentaschranke.

Die Plazenta – genauer gesagt der Synzytiotrophoblast – produziert HCG (humanes Chorion-Gonadotropin) und ab der Mitte der Schwangerschaft auch Progesteron. Das HCG verhindert den Abbau des Corpus luteum im Ovar der Schwangeren und lässt sich in deren Urin nachweisen. Es ist ein Proteohormon; ein nicht unwichtiges Detail, das schon gefragt wurde.

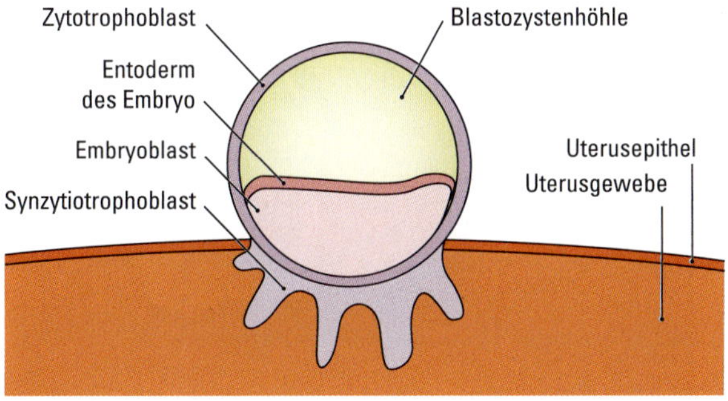


**Abb. 6 a: Nidation (6. Tag)** *medi-learn.de/ana1-6a*

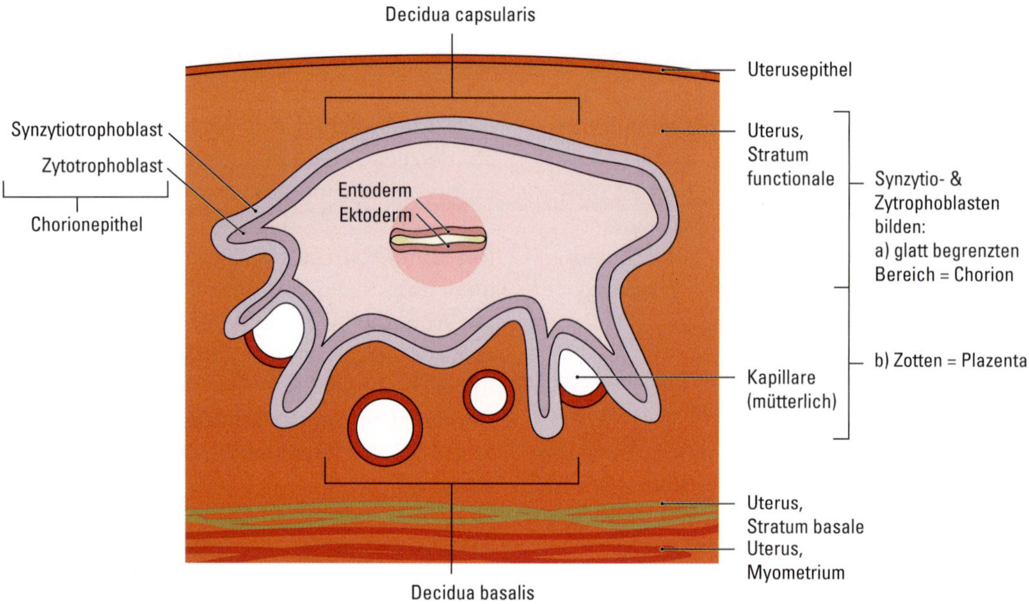


**Abb. 6 b: Implantation (7. Tag)** *medi-learn.de/ana1-6b*

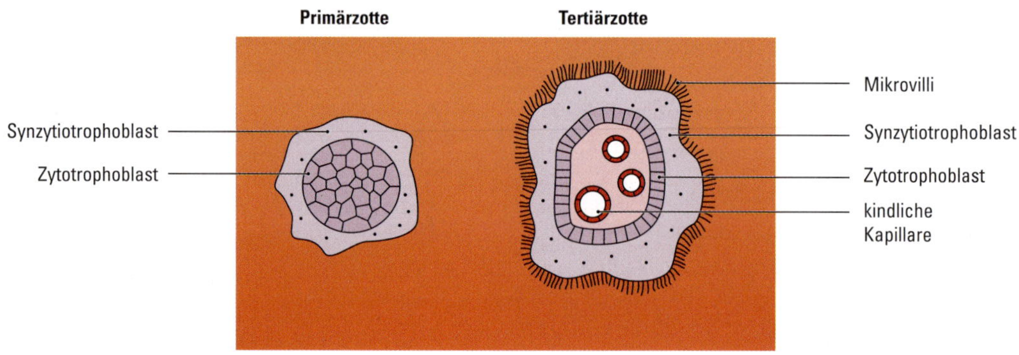


**Abb. 6 c: Querschnitt durch die Plazentazotten** *medi-learn.de/ana1-6c*

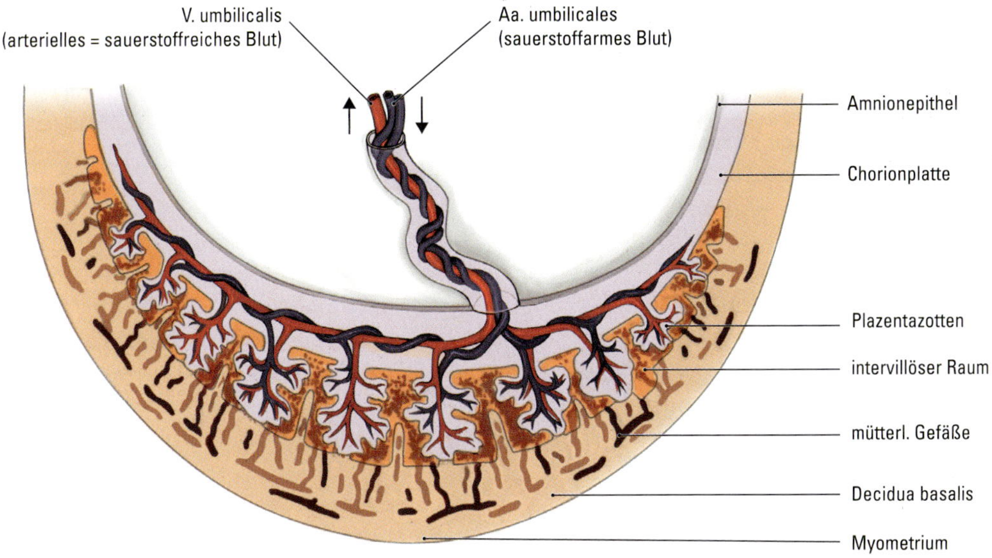


**Abb. 6 d: Querschnitt durch die reife Plazenta**

*medi-learn.de/ana1-6d*

### 1.6.2 Zytotrophoblast

Der Zytotrophoblast liegt immer zwischen dem Synzytiotrophoblasten und dem Embryo. Er ist am Anfang (in der Primärzotte, Abb. 6 c) mehrschichtig, in der Tertiärzotte (Endzotte) dagegen einschichtig. Zum Teil weisen seine Zotten am Ende der Schwangerschaft (Tertiärzotten) physiologische Einrisse auf, wodurch es zum direkten Kontakt zwischen den kindlichen und den mütterlichen Zellen kommen kann. Dieser direkte Kontakt birgt aber nur Gefahren bei einer Rhesus-negativen Mutter, die das zweite Rhesus-positive Kind erwartet und bei HIV o. ä. Infektionen der Mutter. Der Zytotrophoblast bildet den Synzytiotrophoblasten. Die Zytotrophoblastenzellen sind bis zum Ende der Schwangerschaft zur Teilung fähig und bilden die Synzytiotrophoblastenzellen (s. Kapitel 1.6.1, S. 13).

Die Schicht aus Synzytio- und Zytotrophoblasten, die das Kind vollständig umgibt, bezeichnet man außerhalb der Plazenta auch als Chorionepithel.

**Übrigens ...**

Für die zytogenetische pränatale Diagnostik werden in Deutschland Zellen aus dem Fruchtwasser (Amnion- und Mesenchymzellen) und aus den Chorionzotten (Trophoblastenzellen) verwendet.

## 1.7 Entwicklung der drei Keimblätter

Aus dem Embryoblasten (der Keimscheibe) entwickeln sich bereits nach wenigen Tagen nacheinander die drei Keimblätter:

- das Ektoderm,
- das Entoderm und schließlich
- das Mesoderm.

Nach 16 Entwicklungstagen sind bereits alle drei Keimblätter ausgebildet.

Die Entwicklung der Keimblätter stellt eine weitere Spezialisierung der Zellen dar.

### 1.7.1 Ektoderm

Aus dem Ektoderm entstehen überwiegend Strukturen, die später am Körper außen liegen, wie z. B.
- die Oberhaut (Epidermis),
- die Augenlinse,
- die Sinneszellen und das Nervensystem (Neuroektoderm),
- der Zahnschmelz,
- das Epithel der Mundhöhle und der Zunge,
- der äußere Gehörgang,
- die Schweiß- und Milchdrüsen sowie
- die Mundbucht (Stom[at]odeum).

**Merke!**

Fast alle Strukturen, die von außen mit dem Finger berührt werden können (Haut, Epidermis, Zahnschmelz, Epithel der Mundbucht etc.) und das Neuroektoderm stammen aus dem Ektoderm.

### 1.7.2 Entoderm

Das Entoderm bildet die inneren Organe bzw. deren Auskleidung, wie z. B.
- die Schilddrüse,
- das Magen- und Darmepithel,
- die Leber,
- das Pankreas,
- den Thymus,
- die Tonsillen und
- die Auskleidung der Harnblase.

Entodermalen Ursprungs sind außerdem
- das Epithel der Lunge,
- das Epithel der Gallenblase,
- die Allantois(divertikel) und
- der sekundäre Dottersack.

**Merke!**

Aus dem Entoderm entstehen die meisten endokrinen und inneren Organe.

### 1.7.3 Mesoderm

Aus dem Mesoderm entstehen im Wesentlichen die Strukturen, die durch den ganzen Körper ziehen, wie z. B.
- das Bindegewebe,
- der Knochen,
- der Knorpel,
- die Blutgefäße und das Herz (entsteht aus einer Verschmelzung von zwei Gefäßen),
- das Lymphsystem und die Milz (ein überproportional großer Lymphknoten),
- die Nieren,
- die Keimdrüsen und
- die glatte Muskulatur.

Zur Beantwortung der meisten Examensfragen reicht dieses Wissen über das Mesoderm bereits aus. Man kann das Mesoderm jedoch entsprechend seiner Lage noch weiter unterteilen in
- das axiale Mesoderm, das mitten in der Keimscheibe im Bereich der späteren Wirbelsäule liegt und deshalb auch den Chordafortsatz und die Chorda dorsalis bildet (s. Kapitel 1.8, S. 21).
- das paraxiale Mesoderm, das neben der Chorda dorsalis parallel zur Körperachse liegt und die würfelförmigen Segmente (Somiten, s. Abb. 6 e, S. 22) bildet. Aus dem paraxialen Mesoderm entwickeln sich
  - das Skelett (Sklerotom) der Wirbelsäule,
  - die Myoblasten (Myotom) der Extremitätenanlagen,
  - das Bindegewebe (Dermatom) der Haut und
  - das Material der Disci intervertebrales.
- das intermediäre Mesoderm, das lateral neben dem paraxialen Mesoderm liegt und die Nephrotome bildet, die über nephrogene Stränge und weitere Zwischenstufen die Nieren bilden (s. Kapitel 2.7.4, S. 49).

- das laterale Mesoderm, das am weitesten lateral liegt und in der weiteren Entwicklung die primitive Leibeshöhle, das intraembryonale Zölom bildet. Aus dem intraembryonalen Zölom entstehen dann
  - die Perikardhöhle,
  - die Pleurahöhle und
  - die Peritonealhöhle mit der entsprechenden Auskleidung sowie
  - das Bindegewebe der Leibeswand und
  - die Rippen.

**Merke!**

Aus dem Mesoderm entstehen im Wesentlichen Strukturen, die überall im Körper vorliegen, wie Bindegewebe mit Dermis, Knochen etc.

Am Ende der Embryonalentwicklung liegt am Körper immer eine Dreischichtung vor:
- Außen liegt eine Schicht, die aus dem Ektoderm entstanden ist,
- unterlagert von einer Schicht aus dem Mesoderm und
- innen liegen die Strukturen aus dem Entoderm.

**Übrigens ...**

Von dieser Schichtung gibt es am menschlichen Körper nur eine einzige Ausnahme, die sich im Bereich der Pars flaccida des Trommelfells befindet: Hier liegt das Epithel des äußeren Gehörgangs (aus dem Ektoderm) direkt auf dem Epithel der Paukenhöhle (aus dem Entoderm). Eine Schicht aus Bindegewebe (aus dem Mesoderm) fehlt hier, im Gegensatz zum gesamten restlichen Körper.

## DAS BRINGT PUNKTE

Zur **Vereinigung von Eizelle und Spermium** wurde insbesondere ein Satz immer und immer wieder gefragt:

- Zuerst durchdringt das Spermium auf seinem Weg zur Eizelle die Corona radiata.

Zur **Vorembryonalperiode** gab es viele unterschiedlich formulierte Fragen. Die Lösungen sind aber glücklicherweise meist die selben. Daher versprechen folgende Fakten eine gute Punkteausbeute:

- Keimzellen (können) entstehen aus der Zygote, den Blastomeren, Embryoblastenzellen und Zellen in der Dottersackwand (diese Zellen zählen auch zur Keimbahn).
- Hämatopoetische Stammzellen entwickeln sich aus dem Embryoblasten und dienen der Blutbildung.
- Trophoblastenzellen sind für die Bildung des Synzytio- und Zytotrophoblasten zuständig und bilden somit die Plazenta.
- Nach abgeschlossener Implantation befindet sich die Blastozyste in der Zona compacta des Endometriums.
- Das Corpus luteum menstruationis wird durch LH, das Corpus luteum graviditatis durch HCG zur Progesteronproduktion angeregt.

Auch zum Thema **Plazenta** gibt es sehr viele unterschiedlich formulierte Fragen, die sich aber alle im Bereich der richtigen Lösung sehr ähnlich sind. Auf der Hitliste der immer wieder auftauchenden richtigen Lösungen stehen folgende Aussagen:

- Die Zytotrophoblastenzelle ist zur Teilung fähig.
- Die Synzytiotrophoblastenzelle bildet Progesteron und weist (am Ende der Schwangerschaft) Mikrovilli auf.

Zur **Entwicklung der drei Keimblätter** solltest du wissen, dass

- das Epithel der Lunge,
- der Gallenblase,
- die Allantois(divertikel) und
- der sekundäre Dottersack entodermalen Ursprungs sind, während
- das Epithel der Mundbucht (Stom[at]odeum) genauso wie das Epithel der Milchdrüsen aus dem Ektoderm stammt.

## FÜRS MÜNDLICHE

Beim Thema Gelbkörperentwicklung sollte der rhetorisch geschickte Student nicht nur die einzelnen Hormone und ihre Aufgabe kennen, sondern diese Kenntnis auch zu einem fließenden Wechsel zwischen Anatomie und Physiologie nutzen – je nachdem in welchem Fach er sich sicherer fühlt. Was Ektoderm, Mesoderm und Entoderm sind und was aus ihnen entsteht, sollte man auf alle Fälle erklären können.

1. **Bitte erläutern Sie, was LH ist.**
2. **Erklären Sie bitte, wozu Progestoron dient.**
3. **Erklären Sie, wo sich die befruchtete Eizelle einnistet.**
4. **Beschreiben Sie bitte die Entwicklung der Plazenta.**
5. **Bitte erläutern Sie, was passiert, wenn Eizelle und Spermium aufeinander treffen.**

## FÜRS MÜNDLICHE

**6. Bitte erklären Sie, was die Keimblätter sind.**

**7. Erläutern Sie bitte, wann und warum die Bestimmung des Rhesusfaktors bei Mutter und Kind wichtig sind.**

**8. Bitte erklären Sie, woraus das Chorionepithel besteht.**

---

**1. Bitte erläutern Sie, was LH ist.**

LH = das luteinisierende Hormon. Es wird in der Hypophyse gebildet und stimuliert die Ovulation und indirekt den Gelbkörper. Dieser produziert dann – unter dem Einfluss von LH-Progesteron.

**2. Erklären Sie bitte, wozu Progestoron dient.**

Progesteron bereitet die Uterusschleimhaut auf die Einnistung der befruchteten Eizelle vor und verhindert die Abstoßung der Schleimhaut. Ein Progesteron"entzug" führt zur Blutung durch Abstoßung der Schleimhaut.

**3. Erklären Sie, wo sich die befruchtete Eizelle einnistet.**

Am häufigsten an der Hinterwand des Uterus und dort in der Zona compacta des Stratum functionale.

Die Wand des Uterus besteht aus:

- Stratum functionale (aus dem Epithel, der Zona compacta und der Zona spongiosa),
- Stratum basale und
- dem Myometrium.

**4. Beschreiben Sie bitte die Entwicklung der Plazenta.**

Die Entwicklung der Plazenta beginnt mit der Morula. Die Morula entwickelt sich weiter zur Blastozyste, die man in den Trophoblasten und den Embryoblasten untergliedern kann. Aus dem Trophoblasten entwickeln sich der Synzytio- und der Zytotrophoblast, die man später auch zum Chorionepithel zusammenfasst.

**5. Bitte erläutern Sie, was passiert, wenn Eizelle und Spermium aufeinander treffen.**

Das Spermium durchdringt mit Hilfe seines Akrosoms auf seinem Weg zur Eizelle die Corona radiata und dann die Zona pellucida, währenddessen wird auch die zweite Reifeteilung beendet. Nach der Imprägnation beginnt die Vorembryonalperiode. Es entsteht zuerst die Zygote, dann die Blastomeren, die Morula und die Blastozyste. Die Einnistung der Blastozyste erfolgt nach ca. 6-7 Tagen. Anschließend beginnt die Embryonalperiode.

**6. Bitte erklären Sie, was die Keimblätter sind.**

Der Embryoblast (Keimscheibe) entwickelt sich weiter in die drei Keimblätter Ektoderm, Entoderm und Mesoderm. Aus dem Ektoderm entsteht neben der Haut z. B. auch das Nervensystem, aus dem Mesoderm u. a. Blut- und Lymphgefäße, Muskeln, Knochen sowie Bindegewebe und aus dem Entoderm das Epithel vieler innerer Organe.

**7. Erläutern Sie bitte, wann und warum die Bestimmung des Rhesusfaktors bei Mutter und Kind wichtig sind.**

Zum Teil weisen die Zotten am Ende der Schwangerschaft physiologische Einrisse auf, wodurch es zum direkten Kontakt zwischen den kindlichen und den mütterlichen Zellen kommen kann. Dieser direkte Kontakt birgt zum einen Gefahren bei einer Rhesus-negativen Mutter, die das zweite Rhesus-positive Kind erwartet, da sie bereits während der ersten Schwangerschaft Antikörper gegen den Rhesusfaktor gebildet haben kann, zum anderen bei HIV, HepC o. ä. Infektionen der Mutter, die so übertragen werden können. Eventuell ist dann eine frühzeitige Entbindung durch einen Kaiserschnitt zur Minimierung der Risiken indiziert.

**8. Bitte erklären Sie, woraus das Chorionepithel besteht.**

Aus dem Trophoblasten der Blastozyste entsteht eine Schicht aus Synzytio- und Zytotrophoblasten, die das Kind vollständig umgibt. Ein Teil bildet viele fingerförmige Ausstülpungen und ist wesentlich dicker; diesen Teil bezeichnet man als Plazenta. Den übrigen Teil der Synzytio- und Zytotrophoblasten bezeichnet man außerhalb der Plazenta auch als Chorionepithel.

Mehr Cartoons unter www.medi-learn.de/cartoons

# Pause

Soviel zum Thema Nabelschnur ...
Kurze Pause ...

## 1.8 Veränderungen der Keimscheibe während der Entwicklung

Auf der glatten Keimscheibe bildet sich ab dem Ende der 3. Entwicklungswoche eine Rinne (der Primitivstreifen) aus, die von kaudal bis zur Mitte der Keimscheibe nach kranial reicht. In der Mitte der Keimscheibe (am Ende des Primitivstreifens) beginnt sich der **Primitivknoten** auszubilden, in dessen Mitte sich die **Primitivgrube** (eine Einsenkung) entwickelt. Die Primitivrinne wird durch eine epithelial-mesenchymale Umwandlung gebildet. Bis hierher ist also alles noch recht primitiv ... Doch jetzt geht's los: Die Mesodermzellen formieren sich zu einer wulstartigen Struktur mit Lumen, dem **Chordafortsatz**. Er liegt im Bereich der späteren Körperachse und entwickelt sich nach dem Verschluss des Lumens zur **Chorda dorsalis**. Die Chorda dorsalis sezerniert Chordin und Noggin und **induziert** die Entwicklung der Wirbelsäule, sie **bildet** jedoch lediglich den Nucleus pulposus der Bandscheibe.

Im kaudalen Bereich der Keimscheibe liegen zunächst Ento- und Ektoderm noch direkt aufeinander, hier entsteht die **Kloakenmembran**, aus der sich später die Anal- und die Urogenitalregion entwickeln. Das **Allantois-Divertikel** (Allantois = Urharnsack, s. Kapitel 1.9, S. 23) liegt ebenfalls in diesem Bereich.

Der **Canalis neurentericus**, der auch als Axialkanal bezeichnet wird, entsteht am 18. Tag durch Verschmelzung des Chordafortsatzes mit dem darunter liegenden Entoderm. Er hat seinen dorsalen Eingang im Bereich der Primitivgrube und ist ein kleiner Kanal, der vorübergehend den **Dottersack mit der Amnionhöhle** verbindet. Der **Canalis neurentericus** bildet sich nach wenigen Tagen zurück.

**Merke!**

Der Canalis neurentericus (Axialkanal) ist trotz seines irreführenden Namens NICHT an der Entwicklung oder Entstehung des Nervensystems beteiligt.

Im Ektoderm bildet sich zur selben Zeit (in der 3. Entwicklungswoche) zunächst aus dem Neuroektoderm eine **Neuralplatte** für die Entstehung des Nervensystems. Sie entwickelt sich über eine Neuralfalte und eine Neuralrinne schließlich zum **Neuralrohr**. Das Neuralrohr weist zu Beginn am kranialen und am kaudalen Ende noch eine Öffnung auf, den **Neuroporus anterior** bzw. **posterior**. Das Lumen des Neuralrohrs ist darüber mit der Amnionhöhle verbunden. Der Neuroporus anterior bzw. posterior verschließen sich am 25. bzw. am 27. Entwicklungstag. Zur selben Zeit entwickeln sich aus dem Neuralrohr in dessen kranialem Anteil die drei primären, ab dem 28. Tag daraus wiederum die fünf sekundären **Hirnbläschen**.

- Aus dem Neural**rohr** entsteht das **ZNS** und die neben den Neuronen für das ZNS typischen Zellen wie z. B.
  - die Astrozyten,
  - die Oligodendrozyten,
  - die Ependymzellen und
  - die Pinealozyten.
- Achtung: Mikrogliazellen sind die Makrophagen des ZNS, sie stammen aus dem Mesoderm und **nicht** aus dem Neuralrohr.
- Lateral des Neuralrohrs liegen beiderseits die Neuralleisten. Der Ursprungsort der Neuralleistenzellen liegt zwischen Oberflächenektoderm und Neuroektoderm. Sie sind die Basis für die Entstehung des **peripheren Nervensystems**:
  - vegetatives und somatisches Nervensystem,
  - die Hirnnerven (AUSSER dem I. und dem II. Hirnnerven, die zum ZNS gehören),
  - die Schwann-Zellen und
  - die zum APUD-System gehörenden chromaffinen Zellen der Paraganglien,
  - die Zellen des Nebennierenmarks und des Glomus caroticum sowie die Melanozyten.

Ab dem 26. Entwicklungstag entstehen die Kiemenbögen, die Schlundtaschen und die Schlundfurchen. Wenige Tage später entwickeln sich dann auch schon die Augenknospe

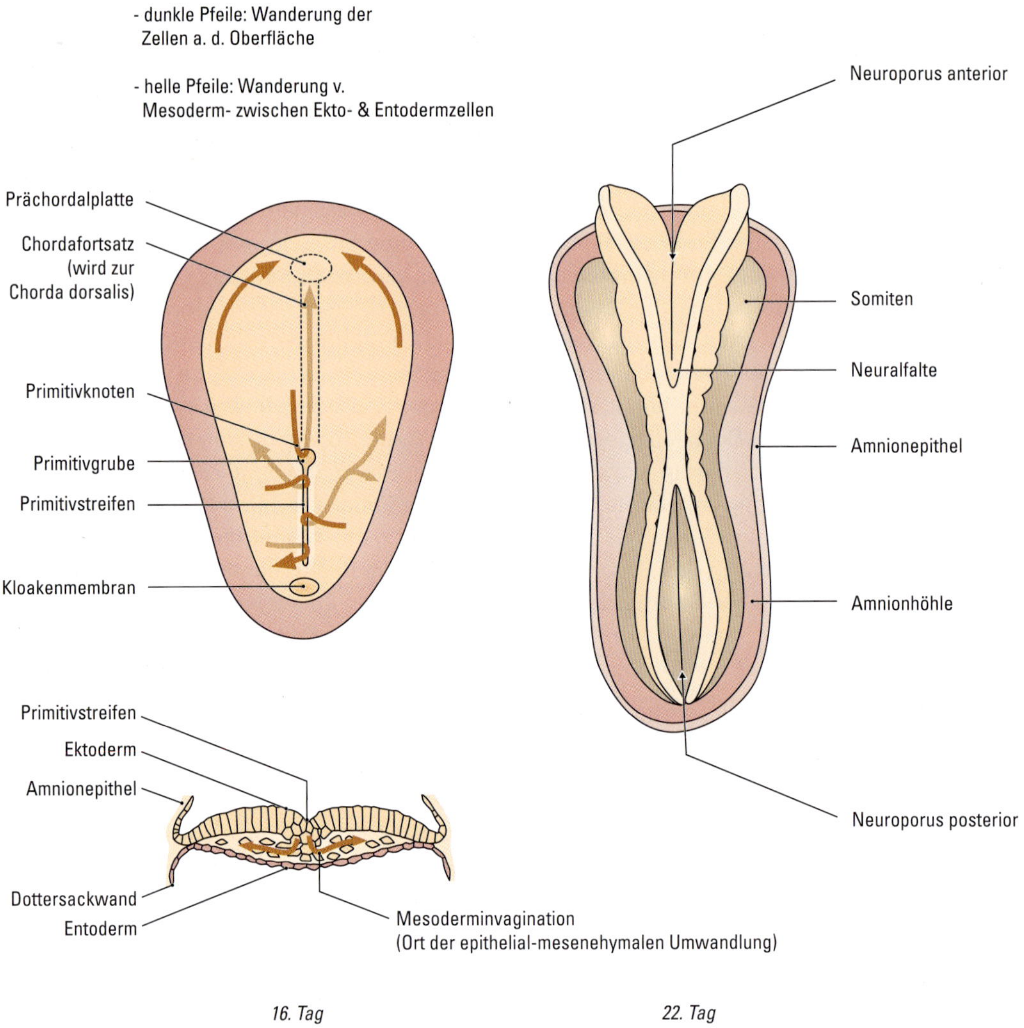


**Abb. 6 e: Veränderungen der Keimscheibe während der Entwicklung** *medi-learn.de/ana1-6e*

und die Ohrplakode sowie die Arm- und Beinknospen. Die Gesichtsentwicklung beginnt ab der 4. Entwicklungswoche und ungefähr zwei Entwicklungswochen später beginnt der physiologische Nabelbruch.

Mit der Abfaltung des Embryos von der Keimscheibe gegen Ende der 3. Woche beginnt
- die Nabelbildung,
- der Descensus des Herzens,
- die Überführung der seitlichen Coelompforten in das Nabelcoelom und
- die Trennung der intraembryonalen Darmanlage vom Dottersack.

**Merke!**

Eine einblättrige Keimscheibe liegt während der ersten Woche vor, eine zweiblättrige Keimscheibe in der zweiten Woche und eine dreiblättrige Keimscheibe in der dritten Woche.

**Übrigens ...**

Im ersten Entwicklungsmonat entwickeln sich die Strukturen des Keimblatts, im zweiten Monat beginnen sich bereits die Organe und die defi-

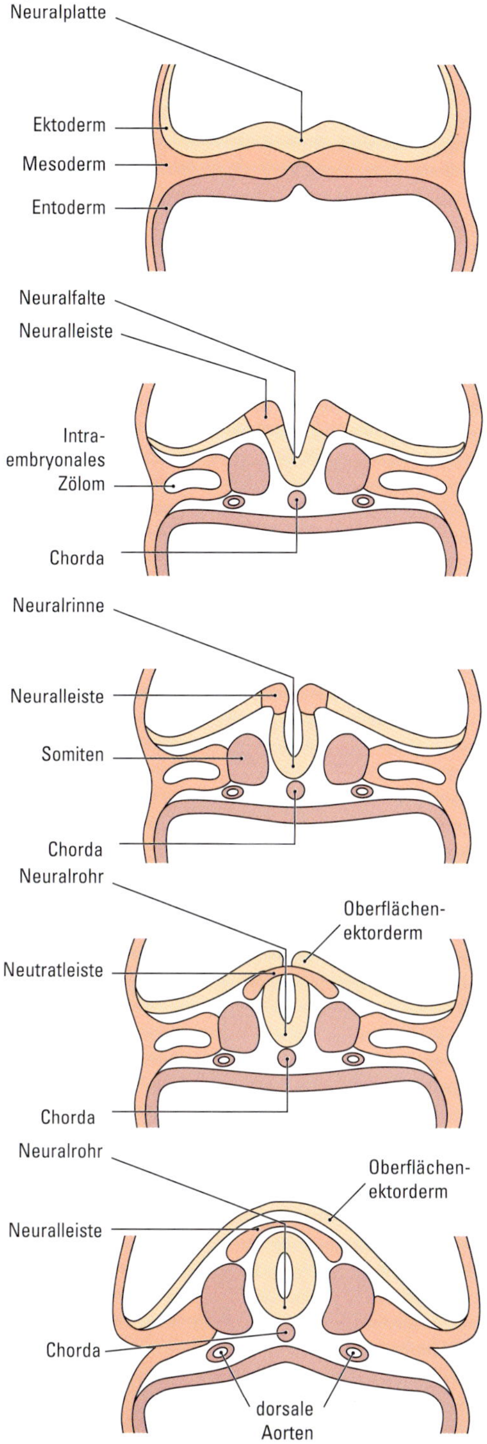


**Abb. 6 f: Entwicklung des Nervensystems**

*medi-learn.de/ana1-6f*

nitive Form des Kindes abzuzeichnen, am Ende des 2. Entwicklungsmonats hat der Embryo bereits Arme, Beine, Kopf, Augen etc. und das alles bei einer Scheitel-Steiß-Länge von nur ca. 30 mm!

## 1.9 Höhlen in und um den Embryo

So ein Embryo ist von einer Menge Höhlen umgeben, was das Lernen leider etwas erschwert. Daher sollte man sich zum einen zunächst Abb. 7, S. 25, in Ruhe ansehen, dann weiß man schon einmal, wo die Höhle liegt, von der gerade die Rede ist, zum anderen hilft vielleicht auch die folgende kurze Übersicht:

- Blastozystenhöhle = Hohlraum in der Blastozyste.

Um die Keimscheibe entwickelt sich nach Entstehung der ersten beiden Keimblätter ein von ihr unterteilter Hohlraum:

- an der entodermalen Seite der **primäre Dottersack** (geht später in den sekundären über),
- an der ektodermalen Seite die **Amnionhöhle** (die spätere Fruchtblase). Um diese Höhlen herum liegt ein weiterer Hohlraum, das **extraembryonale Zölom** (extraembryonale Leibeshöhle). Das extraembryonale Zölom (der Hohlraum um den Embryo herum) enthält anfangs kleine Zysten, die **Exozölzysten** genannt werden.
- Nach der Rückbildung der Exozölzysten wird das extraembryonale Zölom (der Hohlraum, der den Embryo umgibt) **Chorionhöhle** genannt.
- **Amnionhöhle** heißt die spätere Fruchtblase.
- (sekundärer) **Dottersack** heißt eine Ausstülpung unterhalb der Nabelschnur, die in die Chorionhöhle ragt.

Direkt nach der Einnistung der Blastozyste entwickelt sich die Blastozystenhöhle weiter. An der Keimscheibe entsteht im Bereich der ektodermalen und der entodermalen Seite je ein Hohlraum. An der entodermalen Seite ist dies der **primäre Dottersack** (geht später in den sekundären über), an der ektodermalen Seite die **Amnionhöhle** (die spätere Fruchtblase). Um diese Höhlen herum liegt ein weiterer Hohlraum, das **extraembryonale Zölom** (extraembryonale Leibeshöhle).

Der Begriff extraembryonales Zölom (s. Abb. 7 a, S. 25) bezeichnet den Raum um den Embryo herum während der ersten zwei Wochen (man spricht hier noch nicht von einer Fruchtblase o. ä.). In diesem Zeitraum sind zunächst noch kleine Zysten (Reste des primären Dottersacks), die **Exozölzysten**, zu sehen. Nach deren Rückbildung wird das extraembryonale Zölom **Chorionhöhle** genannt. Die kompakte Struktur ohne Lumen, die den Embryo mit der Plazenta verbindet, wird als **Haftstiel** bezeichnet. Er ist die Vorläuferstruktur der späteren Nabelschnur.

Von der späteren Harnblase ausgehend entwickelt sich der **Allantoisgang** aus dem **kaudalen Entoderm** als Hohlraum, der **in den Haftstiel eindringt**. Während der weiteren Entwicklung wachsen dann auch embryonale Gefäße in den Haftstiel ein, und er wird zur **Nabelschnur**. Als Überrest des **Allantoisgangs** persistiert zunächst noch ein Gang, der die Harnblase mit dem Nabel verbindet, der **Urachus** (Urharngang). Er obliteriert beim Neugeborenen zum **Lig. umbilicale medianus**.

**Merke!**

Die Allantois dringt in den Haftstiel ein.

**Übrigens ...**
Die fehlende Rückbildung der Allantois kann zu einer Urachusfistel führen.

Die **Amnionhöhle**, die in der 2. Entwicklungswoche entsteht, ist von Epithel (**Amnionepithel**) ausgekleidet/begrenzt und enthält die Nabelschnur. Sie bleibt im Regelfall bis zum Ende der Eröffnungsphase bei der Geburt erhalten. Bereits im zweiten Entwicklungsmonat ist der Embryo von der **Amnionhöhle** (spätere Fruchtblase) vollständig umgeben.

Um die Amnionhöhle herum liegt zu Beginn (ca. von der 2. bis zur 8. Woche) noch die **Chorionhöhle**, die wiederum vom **Chorionepithel** – gebildet von Synzytio- und Zytotrophoblasten – ausgekleidet wird. Die Amnionhöhle nimmt mit dem weiteren Wachstum des Embryos so stark an Volumen zu, dass sie schließlich die Chorionhöhle verdrängt. Dadurch grenzt das Amnionepithel direkt an das Chorionepithel. Ab jetzt spricht man dann auch von einer Fruchtblase statt von einer Amnionhöhle.

Zum **Dottersack** solltest du in diesem Zusammenhang wissen, dass
- der sekundäre Dottersack in der **Chorionhöhle** lokalisiert ist,
- der **Axialkanal** das Lumen der **Amnionhöhle** mit dem des **Dottersacks** verbindet,
- der Dottersack beim **physiologischen Nabelbruch** eine wichtige Rolle spielt (s. Kapitel 2.9.4, S. 60) und
- er sich spätestens ab der 12. Woche zurück bildet.

## 1.10 Zwillingsentstehung

Ein- und zweieiige Zwillinge entstehen – wie der Name bereits vermuten lässt – aus einer bzw. aus zwei Eizellen. Daneben sind jedoch besonders für das schriftliche Examen noch einige Feinheiten zu beachten, die in diesem Kapitel besprochen werden.

### 1.10.1 Eineiige Zwillinge

Eineiige Zwillinge stellen ca. **25 % der Zwillingsgeburten** dar. Die Entstehung eineiiger Zwillinge ist möglich durch
- Trennung der ersten Blastomeren nach der Furchungsteilung oder
- Bildung zweier „innerer Zellmassen" (Embryoblasten) in einer Blastozyste, d. h. Ausbildung von zwei Axialsystemen in einer Keimscheibe (die Zellen entwickeln sich anstatt um eine um zwei Symmetrieachsen).

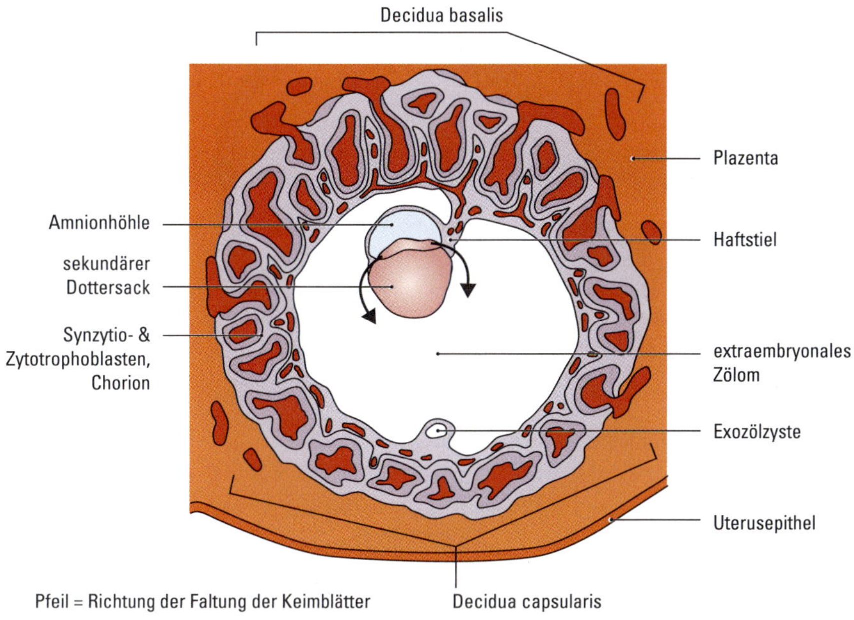


**Abb. 7 a: Keimblätter und Höhlen vor der Gastrulation (Faltung)**

*medi-learn.de/ana1-7a*

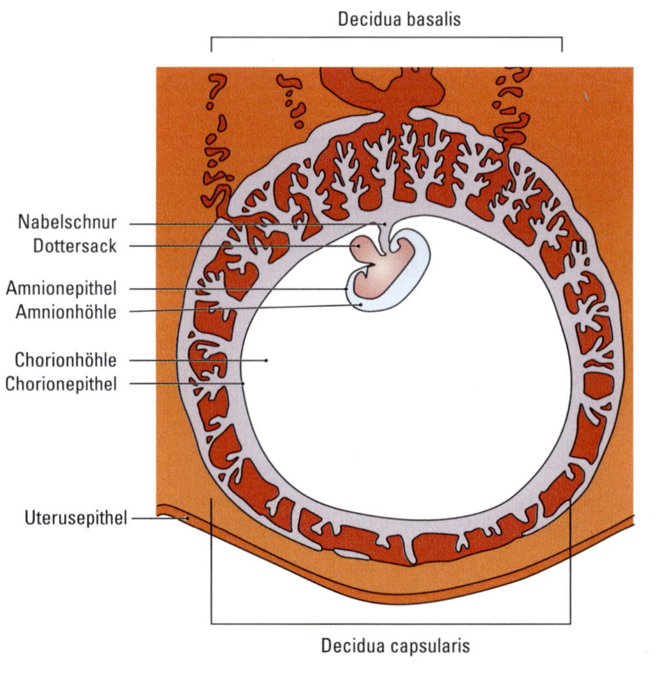


**Abb. 7 b: Keimblätter und Höhlen nach den Gastrulationsbewegungen**

*medi-learn.de/ana1-7b*

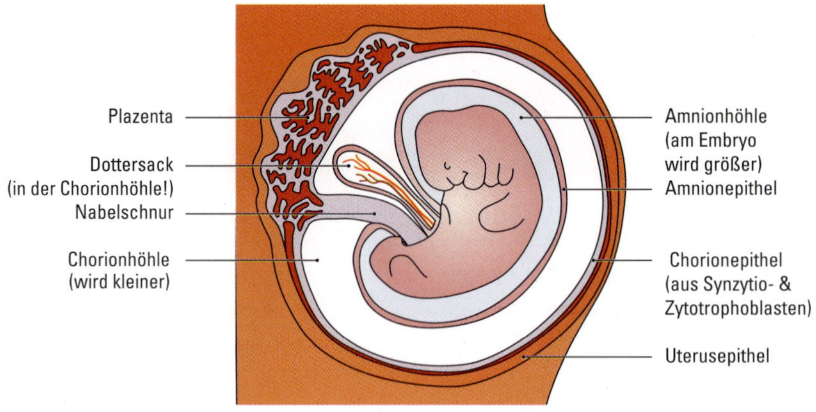


**Abb. 7 c: Lage von Chorion-, Amnionhöhle und Dottersack 3.–8. Woche**

*medi-learn.de/ana1-7c*

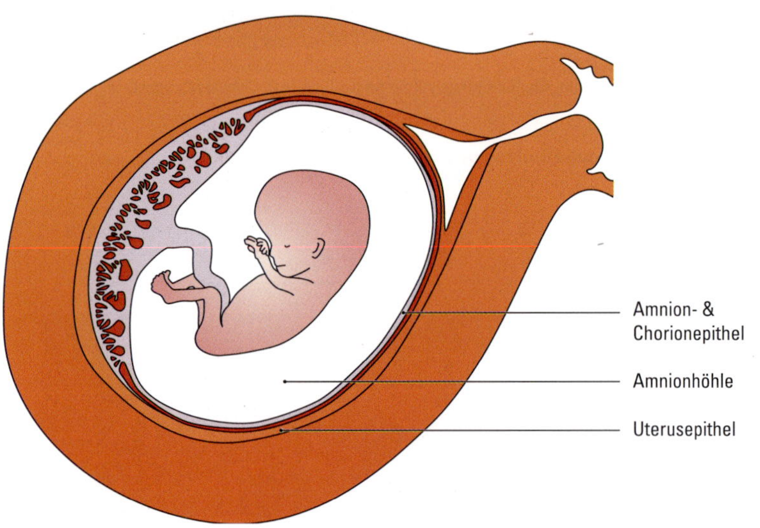


**Abb. 7 d: Fruchtblase nach der 8. Woche**

*medi-learn.de/ana1-7d*

**Abb. 7 a–d: Entwicklung der Höhlen in und um den Embryo**

Eineiige Zwillinge haben

- evtl. eine eigene Plazenta (kann aber auch eine gemeinsame sein),
- eine eigene Amnionhöhle (ist nur in Ausnahmefällen gemeinsam),
- evtl. eine eigene Chorionhöhle (kann aber auch gemeinsam sein) und
- identisches Genmaterial.

**Übrigens ...**

Ein Beweis dafür, dass es sich um eineiige Zwillinge handelt, liegt vor, wenn eine gemeinsame Amnion- oder Chorionhöhle zu sehen ist. Findet sich keine gemeinsame Amnion- oder Chorionhöhle, so dient allein das Genmaterial als Beweis. 1–2 % der Menschen sind Zwillinge.

### 1.10.2 Zweieiige Zwillinge

Zweieiige Zwillinge stellen ca. 75 % der Zwillingsgeburten dar. Die Entstehung zweieiiger Zwillinge ist möglich durch

- die gleichzeitige Ovulation von zwei Graaf-Follikeln oder
- die Reifung von einem Graaf-Follikel mit zwei Eizellen.

Zweieiige Zwillinge haben

- eine **eigene** Plazenta (die aber mit der Plazenta des anderen Zwillings verschmelzen kann),
- eine **eigene** Amnionhöhle und
- eine **eigene** Chorionhöhle.
- Der Beweis für das Vorliegen zweieiiger Zwillinge ist das unterschiedliche Genmaterial.

## DAS BRINGT PUNKTE

Am häufigsten wird zu den **Veränderungen der Keimscheibe** während der Entwicklung der **Canalis neurentericus** gefragt. Dazu sollte man sich zum einen merken, dass

- der Canalis neurentericus trotz seines Namens NICHTS mit der Entwicklung des Nervensystems zu tun hat,
- der Canalis neurentericus auch als Axialkanal bezeichnet wird und seinen dorsalen Eingang im Bereich der Primitivgrube hat,
- der Canalis neurentericus durch/nach Verschmelzung des Chordafortsatzes mit dem Entoderm entsteht und
- er die Amnionhöhle mit dem Dottersack verbindet.

Zu den **Höhlen in und um den Embryo** wurde schon des Öfteren gefragt, dass

- wenn bei einem Kind bei der Bauchpresse Flüssigkeit aus dem Nabel austritt, der wahrscheinlichste Grund für diesen Flüssigkeitsaustritt eine Urachusfistel ist.

## FÜRS MÜNDLICHE

Für die mündliche Prüfung solltest du die im Text zu den Veränderungen der Keimscheibe während der Entwicklung fett gedruckten Begriffe, wie Allantoisgang, Neuralplatte etc. in einem Satz erklären können. Beispiele:

1. **Bitte erklären Sie, was die Neuralplatte ist.**
2. **Kennen Sie einen Überrest des Allantoisgangs?**
3. **Erläutern Sie bitte, was das extraembryonale Zölom ist.**
4. **Bitte erklären Sie, was die Amnionhöhle ist.**
5. **Erläutern Sie bitte, was das Chorionepithel ist.**

---

**1. Bitte erklären Sie, was die Neuralplatte ist.**
Die Neuralplatte ist die ursprüngliche Struktur, aus der sich das Nervensystem entwickelt.

**2. Kennen Sie einen Überrest des Allantoisgangs?**
Der Urachus (der Urharngang, der die Blase mit dem Nabel verbindet) ist ein Rest des Allantoisgangs.

**3. Erläutern Sie bitte, was das extraembryonale Zölom ist.**
Das extraembryonale Zölom ist die Bezeichnung für den Hohlraum, der um die Keimblätter herum liegt (vor der Entstehung von Amnion- und Chorionhöhle).
Wenn man die einzelnen Höhlen in und um den Embryo erklären und aufzeichnen kann, hinterlässt man beim Prüfer sicherlich einen guten Eindruck. Daher sollte man sich S.25 f einprägen.

**4. Bitte erklären Sie, was die Amnionhöhle ist.**

Die Amnionhöhle ist die Fruchtblase. Sie liegt um den Embryo herum. Zu Beginn der Schwangerschaft gibt es noch eine Chorionhöhle, die die Amnionhöhle umgibt. Im weiteren Wachstum wird die Chorionhöhle durch die Größenzunahme der Amnionhöhle verdrängt.

**5. Erläutern Sie bitte, was das Chorionepithel ist.**

Das Chorionepithel ist die Schicht zwischen dem Amnionepithel und dem Uterusgewebe. Es besteht aus Synzytio- und Zytotrophoblasten, wie die Plazenta auch.

Mehr Cartoons unter www.medi-learn.de/cartoons

# Pause

Lehn' Dich zurück und mach doch mal einfach kurz Pause ...

# 2 Organentwicklung

Fragen in den letzten 10 Examen: 34

Wie bereits erwähnt, findet die Organogenese von der 2. bis zur 8. Entwicklungswoche statt; das bedeutet, dass auf all den bis jetzt durchgearbeiteten Seiten „nur" die ersten zwei Entwicklungswochen besprochen wurden. Das ist jedoch kein Grund zur Panik: Ab der 9. Woche beginnt nämlich die Organreifung, und dann passiert nichts Wesentliches mehr, sodass mit der 9. Woche auch dieses Skript endet.

Für die Organogenese sind HOX-Proteine relevant. **HOX-Proteine** binden an die **DNA** und induzieren so die Expression bestimmter Gene, die für die Organentwicklung eine wichtige Rolle spielen.

## 2.1 Entwicklung des Nervensystems

Das spätere Nervensystem kann man in ein zentrales Nervensystem (ZNS) und ein peripheres Nervensystem (PNS) unterteilen. Das PNS wird dann noch weiter aufgeteilt in ein vegetatives (Sympathikus und Parasympathikus, für die Organe) und ein somatisches Nervensystem (für die Muskelinnervation).

### 2.1.1 Entwicklung des ZNS

Das ZNS und seine typischen Zellen entwickeln sich aus dem Neuralrohr, welches wiederum aus Zellen des Ektoderms (s. Kapitel 1.7.1, S. 16) entsteht. Zu den typischen nicht neuronalen Zellen des ZNS zählen zum Beispiel die

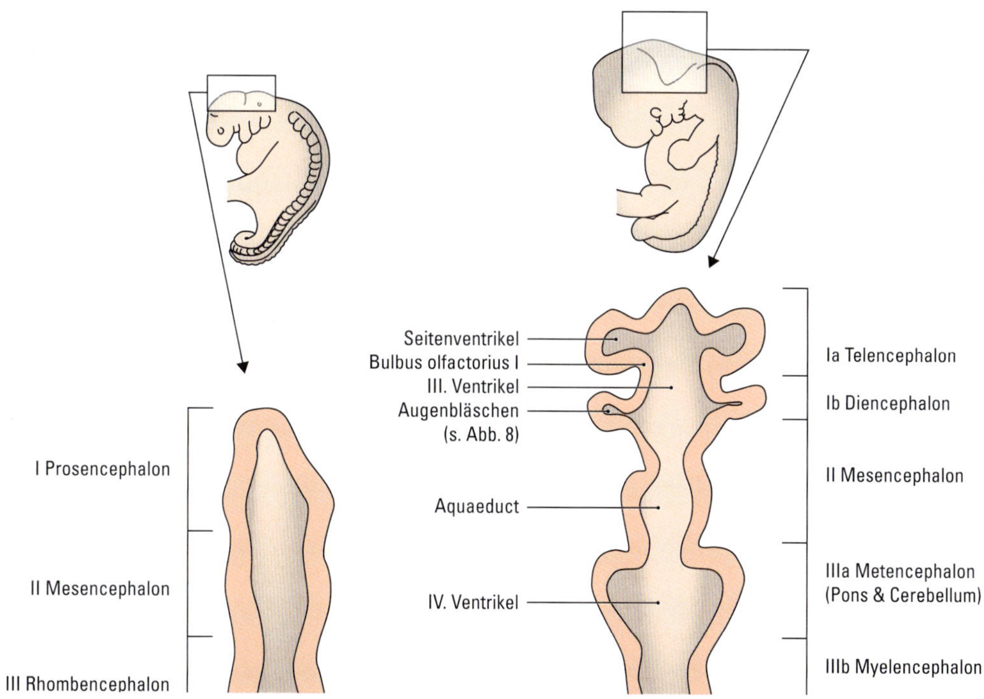


**Abb. 7 e: Entwicklung des Neuralrohrs**

*medi-learn.de/ana1-7e*

- Astrozyten,
- Oligodendrozyten,
- Ependymzellen,
- Epithelzellen des Plexus choroideus und
- Pinealozyten.

Das Neuralrohr ist zu Beginn der Entwicklung tatsächlich – wie sein Name sagt – ein Rohr. Es reicht von der Stirn des Embryos bis zu seinem Steißbein und ist an beiden Enden offen. Das kraniale Ende bezeichnet man als **Neuroporus anterior**, das kaudale als **Neuroporus posterior** (s. Abb. 6 e, S. 22). Das Neuralrohr bildet nach **21 Tagen drei primäre Hirnbläschen** aus:

- das **Prosencephalon** (Großhirn/Vorderhirn),
- das **Mesencephalon** (Mittelhirn) und
- das **Rhombencephalon** (Rautenhirn).

Der Neuroporus anterior und posterior verschließen sich am 25. (Neuroporus anterior) und am 27. (Neuroporus posterior) Tag. Aus dem Lumen des Neuralrohrs entstehen die inneren Liquorräume des ZNS. Ab dem **28. Entwicklungstag** liegen dann **fünf sekundäre** Hirnbläschen vor (s. IMPP-Bild 2, S. 68):

- Aus dem Prosencephalon entwickeln sich das
  - **Telencephalon** (Endhirn) und
  - **Diencephalon** (Zwischenhirn),
- das **Mesencephalon** bleibt bestehen und
- das Rhombencephalon entwickelt sich weiter zum
  - **Metencephalon** (enthält Pons und Cerebellum) und
  - **Myelencephalon** (enthält die Medulla oblongata).

**Übrigens ...**
Im Gegensatz zu den restlichen Hirnnerven sind der I. und der II. Hirnnerv Abkömmlinge des Neuralrohrs. Entwicklungsgeschichtlich ist der N. olfactorius eine Ausstülpung des Telencephalons und der N. opticus eine Ausstülpung aus dem Diencephalon.

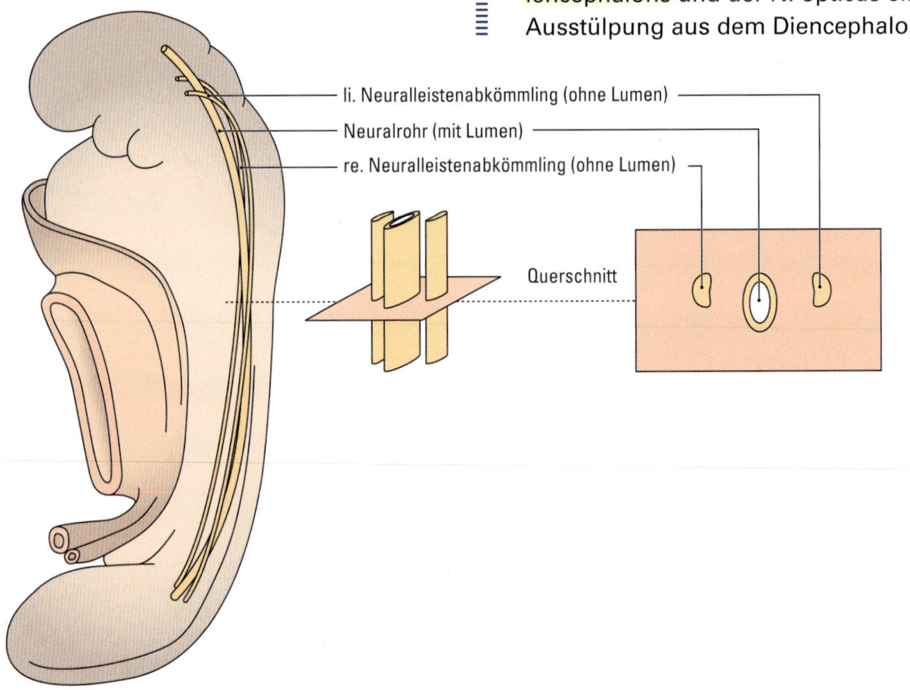


**Abb. 7 f: Entwicklung der Neuralleiste**

*medi-learn.de/ana1-7f*

### 2.1.2 Entwicklung des PNS (peripheres Nervensystem)

Die **Neuralleiste** (s. Abb. 7 f, S. 32) ist beiderseits **lateral** des Neuralrohrs lokalisiert. Sie entsteht – wie das Neuralrohr auch – aus dem Ektoderm, genauer gesagt aus Zellen in der Übergangszone zwischen Neuralplatte und Oberflächenektoderm, weist jedoch kein Lumen auf und ist für die Entstehung des **peripheren Nervensystems** verantwortlich. Zum peripheren Nervensystem gehören

- die Hirnnerven (außer dem I. und dem II.),
- die somatischen und
- die vegetativen Nerven.

Aus der Neuralleiste im Bereich des embryonalen Rumpfes entstehen beispielsweise die Ganglienzellen des Truncus sympathicus.

**Merke!**

Da α-**Motoneurone** im Vorderhorn des Rückenmarks und damit im ZNS liegen, entstammen sie NICHT der Neuralleiste, sondern dem **Neuralrohr**.

Wie aus dem Neuralrohr entstehen auch aus der Neuralleiste typische Zellen. Abkömmlinge der Neuralleiste sind neben den peripheren somatischen und vegetativen Nerven z. B.

- die **Schwann-Zellen** und
- die Zellen des **APUD-Systems** (Aminoprecurser-uptake-and-decarboxylation cells, also Zellen, die Aminosäure-Vorstufen aufnehmen und decarboxylieren). Zum APUD-System gehören
  - die **Melanozyten** der Haut,
  - die **Drüsenzellen** des **Nebennierenmarks**,
  - postganglionäre sympathische Neurone,
  - **Spinalganglienzellen**,
  - enteroendokrine Darmzellen,
  - C-Zellen und
  - Zellen des Glomus caroticum.

Melanozyten sind also Abkömmlinge der Neuralleiste. Sie liegen im Stratum basale der Epidermis, haben lange Fortsätze und geben Melanosomen in umgebende Keratinozyten ab.

## 2.2 Entwicklung des Kopfes

Das Mesenchym der Kopfregion stammt im Wesentlichen aus dem paraaxialen und lateralen Mesoderm, aus der Neuralleiste und dem Ektoderm. Ein kleiner Teil der Maxilla, die Mandibula sowie Teile der Halsregion entwickeln sich aus den Schlundbögen, den Schlundtaschen und den Schlundfurchen (s. Kapitel 2.4, S. 39).

### 2.2.1 Entwicklung der Ohren

Die Entwicklung der Ohren gehört zu den eher selten gefragten Themen. Die Unterteilung in mehrere Unterkapitel dient daher nur der besseren Übersichtlichkeit.

#### Entwicklung der Ohrmuscheln

Im Bereich der 1. Schlundfurche (s. Abb. 11, S. 40) entstehen sechs Vorwölbungen, die **Aurikularhöcker (Ohrhöcker)**. Durch Vereinigung der kaudal gelegenen Höcker und deren Wanderung nach kranio-lateral entstehen die Ohrmuscheln. Die **Ohrmuschelform** ist dabei individuell – also bei jedem Menschen unterschiedlich – angelegt.

#### Entwicklung des äußeren Gehörgangs

Der äußere Gehörgang entwickelt sich aus der 1. **Schlundfurche** (s. Kapitel 2.6, S. 43). Seine epitheliale Auskleidung besteht aus **Ektoderm**, ebenso der **äußere Teil** des **Trommelfells**. Die **innere Auskleidung** des Trommelfells sowie die Auskleidung der **Paukenhöhle** entwickeln sich dagegen aus dem **Entoderm**. Zwischen den beiden Schichten des Trommelfells liegt eine bindegewebige Schicht, die sich aus dem **Mesoderm** entwickelt.

### Entwicklung der Paukenhöhe und der Tuba auditiva

Das Mittelohr und die Paukenhöhle entwickeln sich ebenfalls aus dem **Entoderm**. Zwischen dem 1. und 2. Kiemenbogen stülpt sich das Gewebe ein. Diese Einstülpung wird 1. **Schlundtasche** genannt (s. Kapitel 2.5, S. 43) und bildet schließlich die Paukenhöhle, die **Tuba auditiva** sowie das **Antrum mastoideum**. Die laterale Grenze der 1. Schlundfurche bildet den medialen Teil des Trommelfells (s. Abb. 11, S. 40). Die **Gehörknöchelchen** Hammer, Amboss und Steigbügel stammen aus den **Schlundbögen**. Auch das primäre Kiefergelenk entwickelt sich aus den ersten beiden Schlundbögen.

### Entwicklung des Innenohrs

Das Innenohr entwickelt sich aus dem **Ektoderm**. Seine Entwicklung beginnt ab dem 22. Entwicklungstag lateral des Rhombencephalons durch Bildung einer **Ohrplakode**. Daraus entsteht durch Einstülpung ein **Ohrbläschen**. Der ventrale Teil des Bläschens bildet beim fertigen Ohr

- den Sacculus,
- den Ductus cochlearis und
- das Cortiorgan.

Der dorsale Anteil des Bläschens bildet

- den Utriculus,
- die Bogengänge und
- den Ductus endolymphaticus.

Der **Ductus cochlearis** beginnt seine Entwicklung in der 6. Woche, fertig ausgebildet ist er aber erst am Ende des 8. Monats.
**Scala vestibuli** und **Scala tympani** entwickeln sich bereits ab der 10. Entwicklungswoche aus dem **Mesenchym**.
Die **Bogengänge** sind entwicklungsgeschichtlich eine **Ausstülpung** des **Utriculus**.

### 2.2.2 Entwicklung des Auges

Die **Augenlider** entstehen etwa in der 7. Entwicklungswoche aus Hautfalten, die in der 10. Woche zunächst miteinander verkleben, um sich dann im 7. Entwicklungsmonat wieder voneinander zu lösen.
Dorsal der Augenlider entwickelt sich aus **Ektoderm** und **Mesenchym** die **Hornhaut** des Auges.
Die **Augenlinse** entsteht aus dem **Oberflächenektoderm**. Dabei bildet sich aus dem Oberflächenektoderm zunächst eine **Linsenplakode**, die dann durch Einstülpung ein **Linsengrübchen** und schließlich ein **Linsenbläschen** bildet. Das Linsenbläschen liegt etwa ab der 5. Entwicklungswoche vor.

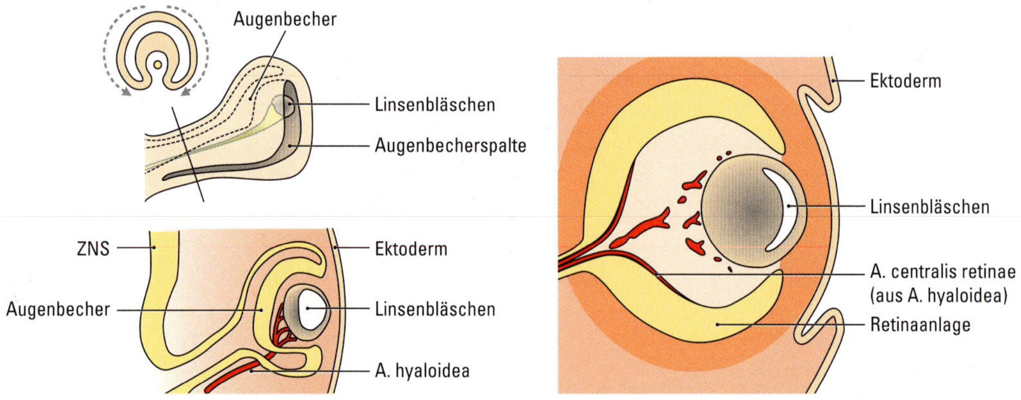


**Abb. 8: Entwicklung des Auges**

*medi-learn.de/ana1-8*

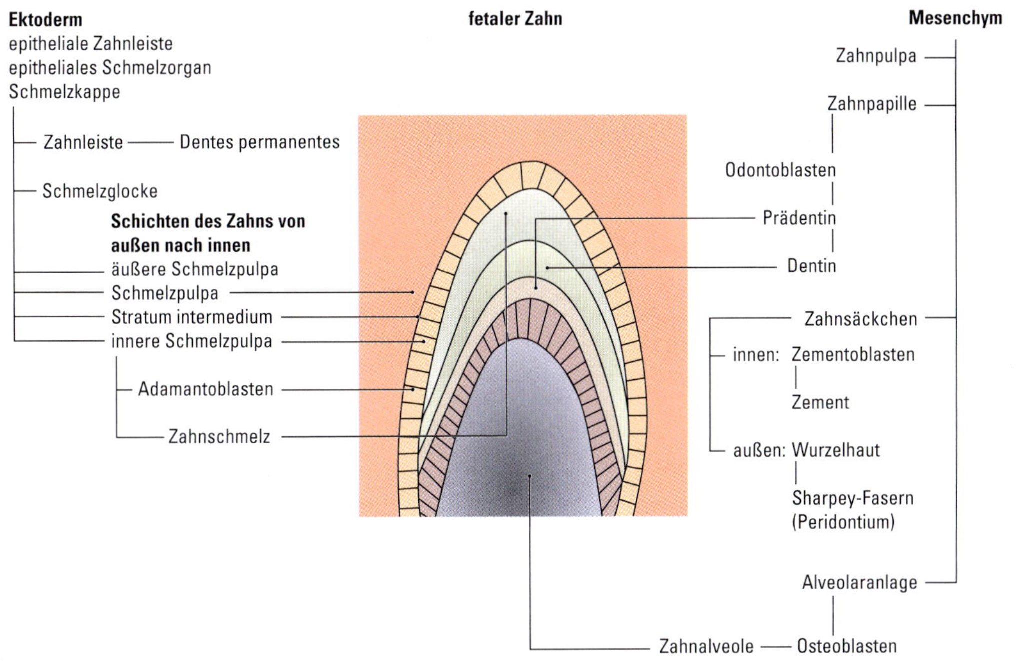


**Abb. 9 a: Zahnentwicklung** *medi-learn.de/ana1-9a*

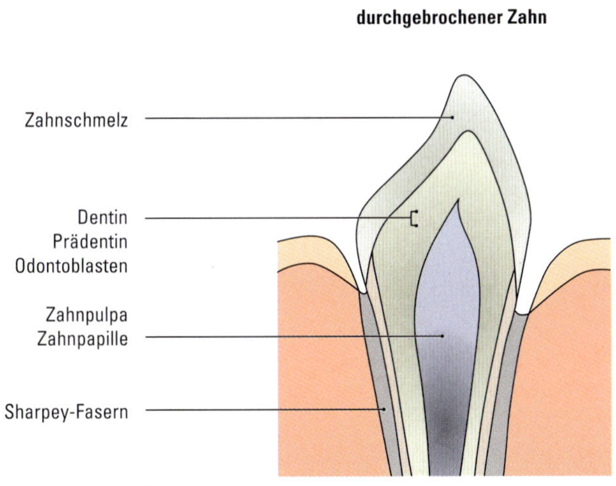


**Abb. 9 b: Durchgebrochener Zahn** *medi-learn.de/ana1-9b*

Die **Augenblase** ist entwicklungsgeschichtlich gesehen eine **Ausstülpung** des **Gehirns**. Aus dem späteren **Diencephalon** bildet sich ab der 4. Entwicklungswoche ein **Augenbläschen**. Durch die Ausstülpung wird auch die Ausbildung der **Augenlinse** induziert. Die innerste Schicht des Augenbläschens bildet die Retina, die äußere Schicht das Pigmentepithel.

Nach Entwicklung des Augenbläschens zum Augenbecher – bestehend aus **Augenbecherstiel** und **Augenbecherspalte** – (s. Abb. 8) sprossen in die Augenbecherspalte Gefäße ein, die die spätere **Arteria centralis retinae** bilden. Bei einer normalen Entwicklung verschließt sich die Augenbecherspalte in der 7. Woche.

**Übrigens ...**
Der Augenbecherstiel ist der Vorläufer des Nervus opticus.

### 2.2.3 Entwicklung der Nase

Etwa ab der 4. Entwicklungswoche bilden sich mehrere **Gesichtswülste** aus:
Der Stirnfortsatz bildet – wie sein Name bereits vermuten lässt – die Stirn, ist aber auch für die Bildung der Nasenwurzel und die Entwicklung des medialen sowie lateralen **Nasenwulstes** verantwortlich.
- Ein Teil des medialen Nasenwulstes entwickelt sich weiter zum Philtrum (der mediale Teil der Oberlippe), zur Nasenspitze und zum Nasenrücken.
- Der laterale Nasenwulst ist im Wesentlichen für die Ausbildung der beiden Nasenflügel verantwortlich.

Der Oberkieferfortsatz bildet die Wangen und die lateralen Anteile der Oberlippe, der Unterkieferfortsatz im Wesentlichen die Unterlippe.

**Übrigens ...**
(Laterale) Lippen- und Kieferspalten entstehen am wahrscheinlichsten durch Defekte bei der Verschmelzung zwischen medialem Nasenwulst und Oberkieferwulst.

### 2.2.4 Entwicklung des Mundes

Die **Mundbucht (Stomatod(ont)eum)** stülpt sich in der 4. Entwicklungswoche von außen nach innen ein und entsteht damit aus dem Ektoderm. Ebenfalls in der 4. Entwicklungswoche entwickelt sich die erste **Zungenanlage**. Hierbei entsteht das Epithel aus dem Ektoderm und die Muskulatur der Zunge aus dem Mesoderm. Auch die Zähne bilden sich aus Ektoderm und Mesoderm. Und auch hier ist es so, dass das Äußere des Zahns aus dem Ektoderm entsteht, während sich das Innere aus dem Mesenchym entwickelt. Um euch die **Zahnentwicklung** möglichst anschaulich näher zu bringen, wurde anstelle eines Textes die Abb. 9 a und b, S. 35 erstellt, zu sehen ist sie auf dem IMPP-Bild 3 auf S. 69.
- Der **Gaumen** entsteht aus den beiden medialen Nasenwülsten und den Oberkieferwülsten.
- Der **Pharynx** gehört schon zum Verdauungstrakt und entsteht somit – wie der gesamte Magen-Darm-Trakt (s. 2.9.4, S. 60) – aus dem primitiven Darmkanal, und zwar aus dem Vorderdarm (dem proximalen Drittel des primitiven Darmkanals).

## DAS BRINGT PUNKTE

Dass aus dem **Neuralrohr** sämtliche für das ZNS typische Zellen entstehen, sollte man wissen. Häufig gefragt wurde bislang, dass sich aus dem Neuralrohr u. a.
- Astrozyten,
- Oligodendrozyten,
- Ependymzellen,
- Pinealozyten sowie
- die Epithelzellen des Plexus choroideus entwickeln.

Zum Thema **PNS** solltet ihr euch merken, dass
- aus der Neuralleiste unter anderem
  - Schwann-Zellen,
  - das Kopfmesenchym,
  - Spinalganglienzellen,
  - Melanozyten der Haut,
  - Drüsenzellen des Nebennierenmarks und
  - postganglionäre sympathische Neurone entstehen.
- motorische Vorderhornzellen wie das α-Motoneuron NICHT aus der Neuralleiste entstehen.

Die Entwicklung des Kopfes ist ein eher selten gefragtes Kapitel. Am häufigsten wurde bislang noch nach der **Zahnentwicklung** gefragt, zu der man sich merken sollte, dass
- die Adamantoblasten den Schmelz bilden und
- die Odontoblasten das Dentin.

## FÜRS MÜNDLICHE

Für die Entwicklung aller Organe – und damit auch des ZNS - gilt, dass man in wenigen Sätzen eine Zusammenfassung wiedergeben können sollte. Die hierfür wichtigen Stichworte, die im Vortrag auch vorkommen sollten, sind im Wesentlichen die im Text **fett** gedruckten Worte. Ein histologisches Bild eines Zahns während der Entwicklung wird ganz gerne mal gefragt. Deshalb empfiehlt es sich, vor dem Mündlichen noch mal einen Blick auf Abb. 9 a und b auf S. 35 zu werfen.

1. **Beschreiben Sie bitte die Entwicklung des Nervensystems.**
2. **Bitte erläutern Sie, woher entwicklungsgeschichtlich gesehen die Hirnnerven stammen.**
3. **Erläutern Sie bitte, warum ein Loch im Zahn nicht wieder zuheilt.**
4. **Bitte erklären Sie, wo sich die Grenze zwischen den Strukturen, die aus dem Ektoderm und dem Mesenchym stammen, befindet.**

---

**1. Beschreiben Sie bitte die Entwicklung des Nervensystems.**

ZNS:
- Ektodermzellen,
- Neuralfalte,
- Neuralrinne,
- Neuralrohr,
- Verschluss Neuroporus anterior und posterior,
- 3 primäre Hirnbläschen,
- 5 sekundäre Hirnbläschen,
- Telencephalon/Diencephalon/Mesencephalon/Metencephalon/Myelencephalon und die dazugehörigen-Strukturen.

PNS:
- Ektodermzellen,
- Neuralfalte,
- Neuralrinne,
- Neuralleiste,
- somatische und vegetative Nerven,
- APUD-System und
- Schwann-Zellen.

**2. Bitte erläutern Sie, woher entwicklungsgeschichtlich gesehen die Hirnnerven stammen.**

Der N. opticus (II) und der N. olfactorius (I) stammen aus dem Neuralrohr und gehören somit zum ZNS (sie haben daher auch keine Hirnnervenkerne, sondern nur Neurone an Umschaltstellen), die übrigen Hirnnerven stammen aus der Neuralleiste und zählen somit zum PNS.

**3. Erläutern Sie bitte, warum ein Loch im Zahn nicht wieder zuheilt.**

Für die Bildung des Zahnschmelzes sind die Adamantoblasten zuständig. Sie liegen aber außen auf dem Zahnschmelz und sind nach dem Durchbrechen der Zähne nicht mehr vorhanden. Dem Zahn fehlen also die Zellen, die den Zahnschmelz neu bilden könnten.

**4. Bitte erklären Sie, wo sich die Grenze zwischen den Strukturen, die aus dem Ektoderm und dem Mesenchym stammen befindet.**

Die Grenze ist der Zahnschmelz.

Mehr Cartoons unter www.medi-learn.de/cartoons

# Pause

Lach mal wieder!

## 2.3 Entwicklung der Schilddrüse

Die Schilddrüse entwickelt sich aus dem Entoderm der **Mundhöhle**. Dabei stülpt sich zunächst am Zungengrund – im Bereich des späteren Sulcus terminalis – Gewebe nach kaudal ein. Die hierbei entstehende Grube bezeichnet man als **Foramen caecum**. Anschließend wandert das Schilddrüsengewebe weiter nach kaudal bis etwa auf Höhe des 6. Halswirbels. Der hierbei entstehende Gang wird **Ductus thyroglossus** genannt. Er verbindet während der Embryonalentwicklung die Schilddrüse mit dem Zungengrund (s. Abb. 11, S. 40). Im Laufe der weiteren Entwicklung verschließt sich dann der Ductus thyroglossus. Gelegentlich bleibt jedoch im distalen Anteil des Ductus etwas Schilddrüsengewebe bei der Wanderung zurück, wodurch am Oberrand der Schilddrüse eine pyramidenförmige Ausziehung des Schilddrüsengewebes entsteht. Diesen nicht bei jedem vorhandenen Lappen nennt man **Lobus pyramidalis**.
Aus der Neuralleiste wandern dann noch die C-Zellen der Schilddrüse (ultimobranchialer Körper = Zellen des APUD-Systems) zunächst in die 5. Schlundtasche und später in die Schilddrüse ein. Dorsal der Schilddrüse lagern sich die oberen und unteren Nebenschilddrüsen (Glandula parathyroidea superior bzw. inferior) an. Die oberen **Nebenschilddrüsen** entwickeln sich aus der 4. Schlundtasche, die unteren Nebenschilddrüsen entstehen aus der 3. Schlundtasche

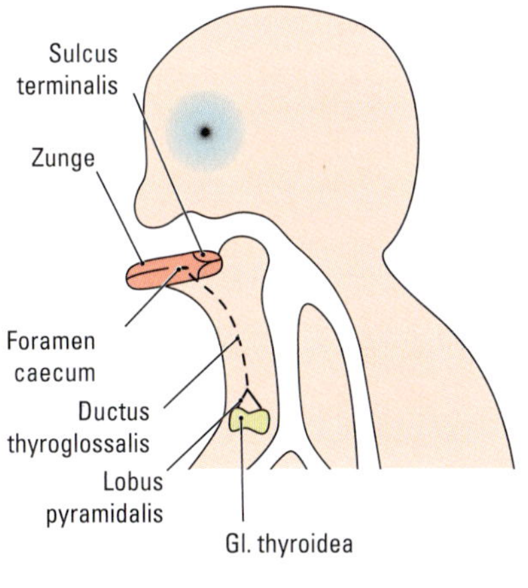


**Abb. 10: Entwicklung der Schilddrüse**

*medi-learn.de/ana1-10*

## 2.4 Schlundbögen

Der kaudale Teil des Kopfes und der Hals entwickeln sich im Wesentlichen aus den **Schlundbögen (Kiemenbögen)**. Als Schlundbögen bezeichnet man Vorwölbungen nach innen im Kopf-Hals-Bereich. Sie werden durch die Schlundtaschen voneinander getrennt. Die Einstülpungen außen bezeichnet man als **Schlundfurchen** (s. Abb. 11, S. 40).

Typisch für die Kiemenbögen ist ihre **metamere Gliederung**. Darunter versteht man, dass jeder Abschnitt (jeder Kiemenbogen) identisch aufgebaut ist: Er besitzt
- einen Kern aus Mesoderm für eine Knorpel- und eine Muskelanlage,
- einen Nerven (aus der Neuralleiste stammend) und
- eine Arterie.

Die metamere Gliederung bei den Kiemenbögen bleibt jedoch NICHT bis zum Abschluss der Entwicklung erhalten. Das bedeutet, dass sich nicht aus jeder Anlage eine definitive Struktur entwickelt und daher auch – nach Abschluss der Entwicklung – nicht mehr alle Abschnitte gleich aussehen. Trotzdem hat auch der fertige Mensch noch Regionen mit metamerer Gliederung. Beispiele hierfür sind
- die Rippen mit den Interkostalräumen (sowohl die Muskulatur als auch die Anlage der Gefäße sehen in jedem Abschnitt gleich aus),
- die autochthonen Rückenmuskeln sowie
- die Gliederung des Rückenmarks und der Wirbelsäule.

**Merke!**

Die Schlundbögen nennt man auch
- **Kiemenbögen**,
- **Branchialbögen** oder
- **Pharyngealbögen**.



Zunächst entwickelt sich in jedem Kiemenbogen eine Arterie. Diese Arterien der Kiemen- oder Schlundbögen nennt man auch **primitive Aortenbögen** oder **Kiemenbogenarterien**. Die Anordnung und die Lage der Kiemenbogenarterien ist in Abb. 12, S. 41 dargestellt.

**Übrigens ...**
Nicht aus allen angelegten Arterien entwickelt sich auch ein definitives Gefäß.

Die 1. **Kiemenbogenarterie** bildet sich fast vollständig zurück. Ihre Beteiligung an der Bildung der Arteria carotis externa und der Arteria maxillaris ist gering.

Die 2. **Kiemenbogenarterie** entwickelt sich zwar zunächst zu einer Arteria stapedia weiter (verläuft im Bereich des Steigbügels), bildet sich dann jedoch in der weiteren Entwicklung ebenfalls zurück. Übrig bleibt von ihr lediglich ein **Foramen** im **Stapes** aber **KEIN** definitives Gefäß.

Die 3. **Kiemenbogenarterie** bildet – gemeinsam mit der **dorsalen Aorta** – die **Arteria carotis interna**. Ebenfalls aus der 3. Kiemenbogenarterie stammt ein kleiner Teil der Arteria carotis communis.

Aus der 4. **Kiemenbogenarterie** entsteht auf der linken Seite der definitive **Aortenbogen**, rechts – wo kein Aortenbogen vorkommt – entwickelt sich der **Truncus brachiocephalicus** so-

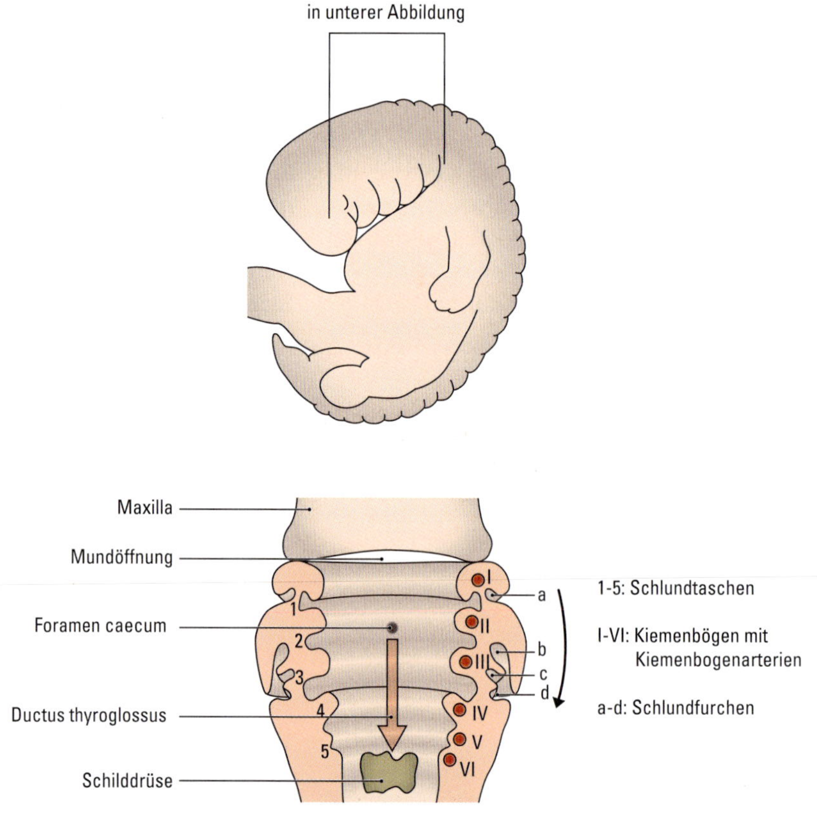


**Abb. 11: Lage der Schlundbögen, -taschen und -furchen**

*medi-learn.de/ana1-11*

wie ein Teil der **Arteria subclavia** aus der 4. Kiemenbogenarterie.

Die 5. Kiemenbogenarterie bildet sich vollständig zurück.

Aus der 6. **Kiemenbogenarterie** entwickeln sich links der **Truncus pulmonalis** sowie der **Ductus arteriosus Botalli** und rechts die **Arteria pulmonalis**.

Außer den Kiemenbogenarterien liegen während der Embryonalentwicklung noch insgesamt vier **Aorten** vor: zwei **ventrale** und zwei **dorsale**.

- Aus der **ventralen Aorta** entwickelt sich je eine **Arteria carotis communis** und eine **Arteria carotis externa**,
- aus der **dorsalen Aorta** entstehen ein Teil der **Arteria carotis interna** und die **Aorta descendens**.

Wie weiter oben beschrieben, entwickeln sich auch Nerven, Knorpel und Muskeln im Bereich der Schlundbögen.

### 2.4.1 Erster Schlundbogen (Mandibularbogen)

Ein großes Gefäß entwickelt sich hier nicht. Der Nerv des 1. Schlundbogens ist der N. mandibularis (3. Ast des N. trigeminus). Die Muskeln, die der Nerv versorgt (dies gilt auch für die weiteren Schlundbögen), entwickeln sich ebenfalls aus diesem Schlundbogen. Der N. mandibularis ist der einzige motorische Trigeminusast. Daher entwickelt sich die gesamte Kaumuskulatur (M. temporalis, M. masseter, Mm. pterygoidei, M. mylohyoideus, aber auch der M. tensor veli palatini und der Venter anterior des M. digastricus) aus diesem Bogen. Die Knorpelanlage im Bereich des 1. Schlundbogens wird **Meckel-Knorpel** genannt. Aus ihr entwickeln sich Hammer und Amboss. Außerdem entstehen aus dem 1. Schlundbogen auch ein Teil der Mandibula und ein kleiner Teil der Maxilla.

Zu beachten ist, dass der Steigbügel aus dem 2. Schlundbogen stammt. Begründet ist diese ungewöhnliche Entwicklung in der **Entstehung** des **Kiefergelenks**: Das **primäre** Kiefergelenk bildet sich zwischen **Hammer**, **Amboss** und **Mandibula** aus. Erst in der weiteren Entwicklung lagert sich das **Os temporale** dazwischen, sodass zum einen die **Paukenhöhle** und zum anderen das **sekundäre Kiefergelenk** entstehen, das aus diesem Grund auch **Anlagerungsgelenk** genannt wird.

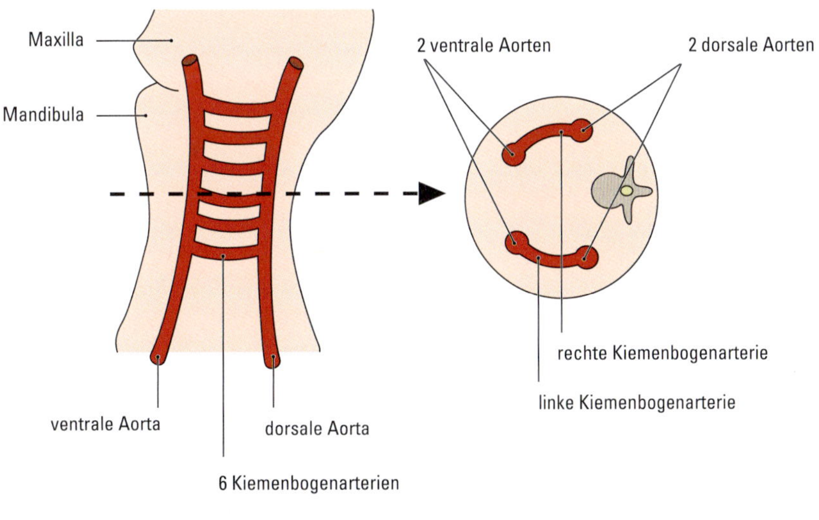


**Abb. 12: Kiemenbogenarterien**

*medi-learn.de/ana1-12*

**Übrigens ...**
Bei Schlangen unterbleibt diese Trennung, sodass diese zwar schlechter hören, dafür aber den Mund aufgrund der Lage des Kiefergelenks weiter öffnen können.

### 2.4.2 Zweiter Schlundbogen (Hyoidbogen)

Auch im **2. Schlundbogen** entsteht **kein** definitives Gefäß. Der Nerv, der dem 2. Schlundbogen zugeordnet wird, ist der **N. intermediofacialis** bzw. N. intermedius des N. facialis. Die Muskulatur, die aus diesem Schlundbogen stammt, ist deswegen im Wesentlichen die **mimische Muskulatur**, zum anderen jedoch auch der **M. stapedius**, der **M. stylohyoideus** und der **Venter posterior** des **M. digastricus**. Der Knorpel des 2. Schlundbogens hat ebenfalls einen Eigennamen: Er wird gelegentlich **Reichert-Knorpel** genannt. Aus ihm entwickeln sich der **Steigbügel**, ein kleiner Teil des Os temporale (der Processus styloideus) und der kraniale Teil des **Os hyoideum**. Sämtliche Bestandteile, die für den **Stapediusreflex** benötigt werden (der M. stapedius, der Steigbügel und der N. intermediofacialis) entstammen demselben Kiemenbogen.

**Übrigens ...**
Der Stapediusreflex wird ausgelöst, wenn das Ohr zu lauten Geräuschen ausgesetzt ist: Durch Innervation des M. stapedius erfolgt dessen Kontraktion, was zu einer Verkantung des Steigbügels im ovalen Fenster führt. Dadurch werden die Schallleitung erschwert und die Geräusche leiser gehört.

### 2.4.3 Dritter Schlundbogen

Ab dem 3. Schlundbogen haben weder der Schlundbogen noch sein Knorpel einen Eigennamen erhalten. Dem 3. Schlundbogen wird der **N. glossopharyngeus** zugerechnet, die entsprechende Schlundbogenarterie bildet die Arteria carotis interna (s. Kapitel 2.4, S. 39). Als Muskel entwickelt sich der **M. stylopharyngeus** aus dem 3. Schlundbogen. Aus den knorpeligen Anteilen entsteht das **Cornu majus** sowie der untere Teil des **Os hyoideum**. Außerdem enthält der 3. Schlund- oder Branchialbogen die **Pharynxmuskulatur**.

### 2.4.4 Vierter, fünfter und sechster Schlundbogen

Der 4., 5. und 6. Schlundbogen sind häufig miteinander verschmolzen. Insgesamt muss man sagen, dass in der Literatur leider Uneinigkeit über die hieraus entstehenden Strukturen herrscht. Daher wurde, abgesehen von der Weiterentwicklung der Gefäße, im schriftlichen Examen bisher auch nichts dazu gefragt. Immerhin scheint man jedoch Folgendes definitiv sagen zu können:

- Aus dem **4. Schlundbogen** stammt der **Nervus laryngeus superior** (der 1. Ast des Nervus vagus). Aus den Gefäßen des 4. Schlundbogens entwickelt sich links der **Aortenbogen** und rechts der **Truncus brachiocephalicus** sowie ein Teil der **Arteria subclavia**. Die ihnen zugeordneten Muskeln sind der **M. cricothyroideus** und gelegentlich auch der **M. levator veli palatini** sowie der **M. constrictor pharyngis**.
- Aus dem **5. Schlundbogen** scheinen sich keine relevanten Strukturen zu entwickeln.
- Der **Truncus pulmonalis**, der **Ductus arteriosus Botalli** und die Arteria pulmonalis entstammen dem 6. Schlundbogen. Ebenfalls dem **6. Schlundbogen** wird der **Nervus laryngeus recurrens** (2. Ast des Nervus vagus) zugeordnet. Dessen Aufgabe ist die Innervation der gesamten Kehlkopfmuskulatur mit Ausnahme des M. cricothyroideus. Das lässt darauf schließen, dass auch die **gesamte Kehlkopfmuskulatur** (**außer** dem M. cricothyroideus) aus dem Schlundbogen stammt. Das Kehlkopfskelett wird sowohl vom 4. als auch vom 6. Schlundbogen gebildet, die Epiglottis dagegen stammt aus dem 2. und 4. Schlundbogen.

## 2.5 Schlundtaschen

Auf der medialen Seite sind die sechs Schlundbögen durch **fünf Schlundtaschen** voneinander getrennt. Diese Einstülpungen sind mit **Entoderm** ausgekleidet.

- Die **1. Schlundtasche** bildet über den **Recessus tubotympanicus** schließlich
  - die **Paukenhöhle**,
  - die **Tuba auditiva**,
  - das **Trommelfell** und
  - das **Antrum mastoideum**.
- Aus der **2. Schlundtasche** entsteht im Wesentlichen die **Tonsilla palatina**. Durch ihre Einstülpung wird die **Fossa tonsillaris** gebildet.
- Die **3. Schlundtasche** dient als Basis für die Entwicklung des **Thymus** und für die **Glandulae parathyroideae inferiores**.
- Aus der **4. Schlundtasche** entstehen die **Glandulae parathyroideae superiores** und
- aus der **5. Schlundtasche** die **C-Zellen** der Schilddrüse.

Durch Verbindung mit der 1. Schlundfurche bildet die 1. Schlundtasche den äußeren Gehörgang.

**Übrigens ...**
Branchiogene Halsfisteln entstehen durch mangelhaften Verschluss im Bereich der Schlundtaschen und Schlundfurchen. Sie können nach innen im Bereich der Tonsilla palatina münden.

## 2.6 Schlundfurchen

Die **Schlundfurchen** stülpen sich lateral am Hals ein. Zu Beginn der Entwicklung liegen insgesamt **vier** Furchen vor, wobei sich jedoch lediglich die **erste** zu einer definitiven Struktur weiterentwickelt: Durch die Einstülpung der 1. Schlundfurche entwickelt sich der **Meatus acusticus externus**, das Ende der Schlundfurche bildet den **äußeren Teil** des **Trommelfells**.

## 2.7 Entstehung der Brustorgane

Der Schwerpunkt dieses Kapitels liegt eindeutig auf der Herzentwicklung, dicht gefolgt vom fetalen Kreislauf. Wenn du diese beiden Themen sicher beherrschst, sollten dir die zugehörigen Physikumsfragen keine Probleme, sondern Punkte bescheren.

### 2.7.1 Zwerchfell

Das Zwerchfell entwickelt sich aus den Myoblasten der Halsmyotome. Und jetzt die gute Nachricht: Mehr muss man dazu gar nicht wissen ...

### 2.7.2 Entwicklung des Herzens

Das Herz entsteht aus den kaudalen Anteilen der beiden **ventralen Aorten**. Die Entwicklung des kranialen Anteils der beiden ventralen Aorten wurde bei der Entwicklung der Kiemenbogenarterien bereits besprochen (s. Kapitel 2.4, S. 39). Die kaudalen Anteile beginnen aufeinander zuzuwachsen und in ihrem mittleren Teil miteinander zu verschmelzen (s. Abb. 13, S. 45). Hierdurch entsteht eine x-förmige Struktur, der primitive Herzschlauch. Dieser **Herzschlauch** weist bereits am **21. Entwicklungstag** eine **Eigenfrequenz** auf. Wie auch beim späteren Herzen wird diese Eigenfrequenz durch spezialisierte **Muskelzellen** gesteuert, die im Bereich des späteren Sinusknotens – im Sinus venosus – liegen.

Obwohl das Herz zu diesem Zeitpunkt der Entwicklung bereits eine Eigenfrequenz aufweist, liegt noch KEIN Sinusrhythmus vor. Der Sinusrhythmus ist definiert durch eine P-Welle, einen QRS-Komplex und eine T-Welle. Dieses Muster kommt durch die Erregungsbildung und Erregungsrückbildung in den verschiedenen Räumen des fertigen Herzens zustande. Da um den 21. Entwicklungstag jedoch noch keine Herzräume vorliegen, besteht zwar bereits

eine Erregungsleitung sowie eine Eigenfrequenz, jedoch **noch kein Sinusrhythmus**.

Zur embryonalen Anlage des Herzschlauchs gehören **die Atrien, die Ventrikel und der Truncus arteriosus**. Der Ductus arteriosus (Botalli) gehört aber NICHT dazu. Er entwickelt sich aus der 6. Kiemenbogenarterie (s. Kapitel 2.4, S. 39)!
Der primitive Herzschlauch sackt in seiner weiteren Entwicklung zunächst N- oder sesselförmig zusammen. Die so entstandene Struktur nennt man **Herzschleife**. Anschließend werden die kaudalen Strombahnen nach kranial umgelagert. Betrachtet man das fertige Herz, so sieht man, dass die Gefäße alle mehr oder weniger weit kranial liegen. Die beiden von Anfang an kranial liegenden Gefäße bezeichnet man auch als **Truncus arteriosus**. Aus diesen Gefäßen entwickeln sich die Aorta und der **Truncus pulmonalis**.
Die Crista terminalis des Herzens trennt den aus dem Sinushorn entstandenen Bereich von dem aus dem primitiven Atrium entstandenen Bereich des rechten Atriums.
Aus den beiden kaudal liegenden Gefäßen, die sich im Laufe der weiteren Entwicklung nach dorsal/kranial umlagern, entstehen die **Venae pulmonales**. Aus diesem Grund bezeichnet man diese Region auch als **Sinus venosus** (später heißt diese Region auch Porta venosa).
Zur Entwicklung der Vena cava gibt es verschiedene Lehrmeinungen. Am plausibelsten erscheint, dass die **Vena cava sekundär** in das Herz **einwächst**. Im Prinzip wachsen dabei eine Vene von kranial und eine Vene von kaudal in den rechten Vorhof und bilden dabei eine Vena cava superior und eine Vena cava inferior.
Ebenfalls zu diesem Zeitpunkt entwickeln sich die **Herzkranzgefäße** durch Ausstülpungen aus den bereits bestehenden Gefäßen, und es erfolgt fast zeitgleich die **Unterteilung** des Herzens in seine Vorhöfe und Kammern. Hierfür stülpt sich zunächst sowohl von ventral als auch von dorsal die Wand in der Mitte ein, bis die ventrale und die dorsale Wand punktförmig in der Mitte des Herzens verschmelzen.

Dadurch entwickelt sich aus dem kugelförmigen blutgefüllten Hohlraum des primitiven Herzschlauchs zunächst ein Raum, dessen Form am ehesten einem Donut ähnelt. Den miteinander verschmolzenen Teil der ventralen und dorsalen Wand, der nun wie ein Balken durch den flüssigkeitsgefüllten Hohlraum des Herzens zieht, bezeichnet man als **Endokardkissen**.
Im weiteren Verlauf stülpt sich ein Teil der kaudalen Wand des Herzens nach kranial ein, verschmilzt mit dem Endokardkissen und bildet das **Septum interventriculare**. Das Endokardkissen selbst bildet das **Herzskelett**.

**Übrigens ...**
Die Bezeichnung Herzskelett rührt daher, dass in diesem Bereich beim Rind ein Knochen vorliegt.

Auf Höhe des Herzskeletts stülpt sich die Wand zirkulär ein, verschmilzt jedoch NICHT mit dem Endokardkissen. Hierdurch bildet sich eine Art Taille im Bereich der Vorhof-Kammer-Grenze aus. Im Bereich der zirkulären Einstülpung wächst das **Endokard** etwas schneller als die übrigen Schichten der Herzwand, wodurch eine **Endokardduplikatur** entsteht. Diese Duplikaturen bilden schließlich die **Herzklappen**.
Auch die Vorhöfe werden durch eine Einstülpung der Wand unterteilt. Dazu stülpt sich zunächst von kranial ein Septum nach kaudal ein und wächst auf das Endokardkissen zu. Da es das erste einwachsende Septum ist, nennt man es **Septum primum**. Das Loch zwischen rechtem und linkem Vorhof – das zu diesem Zeitpunkt noch besteht – nennt man entsprechend **Foramen primum**. Während der weiteren Entwicklung reißt das Septum primum jedoch kranial ab und wächst unten am Endokardkissen fest. So entsteht wiederum ein Foramen zwischen rechtem und linkem Vorhof, das nun **Foramen secundum** genannt wird. Etwas rechts von der Abrissstelle des Septum primum gelegen, stülpt sich ein erneutes Septum – das **Septum secundum** – ein.

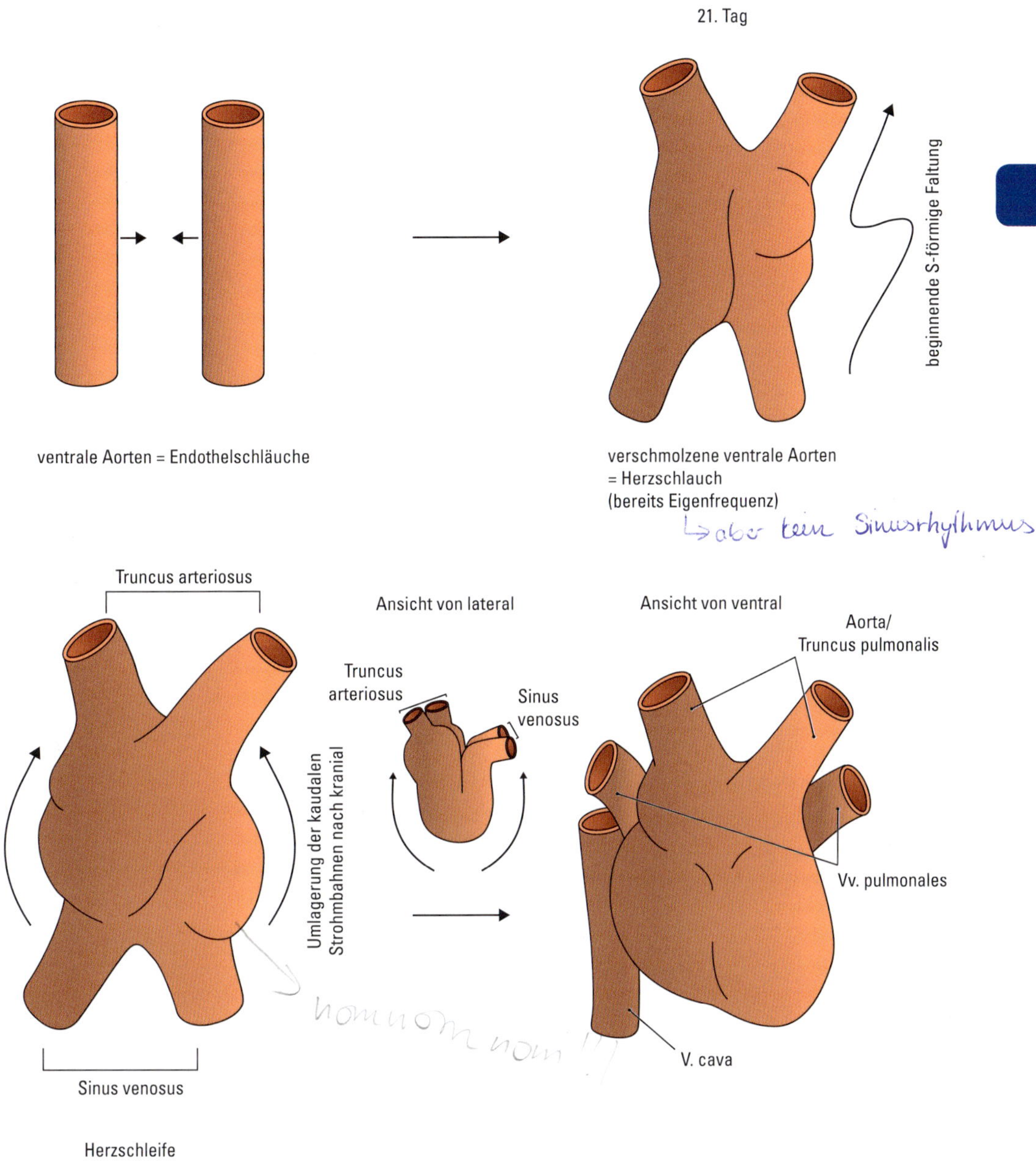


**Abb. 13 a: Entwicklung des Herzens (1)**

*medi-learn.de/ana1-13a*

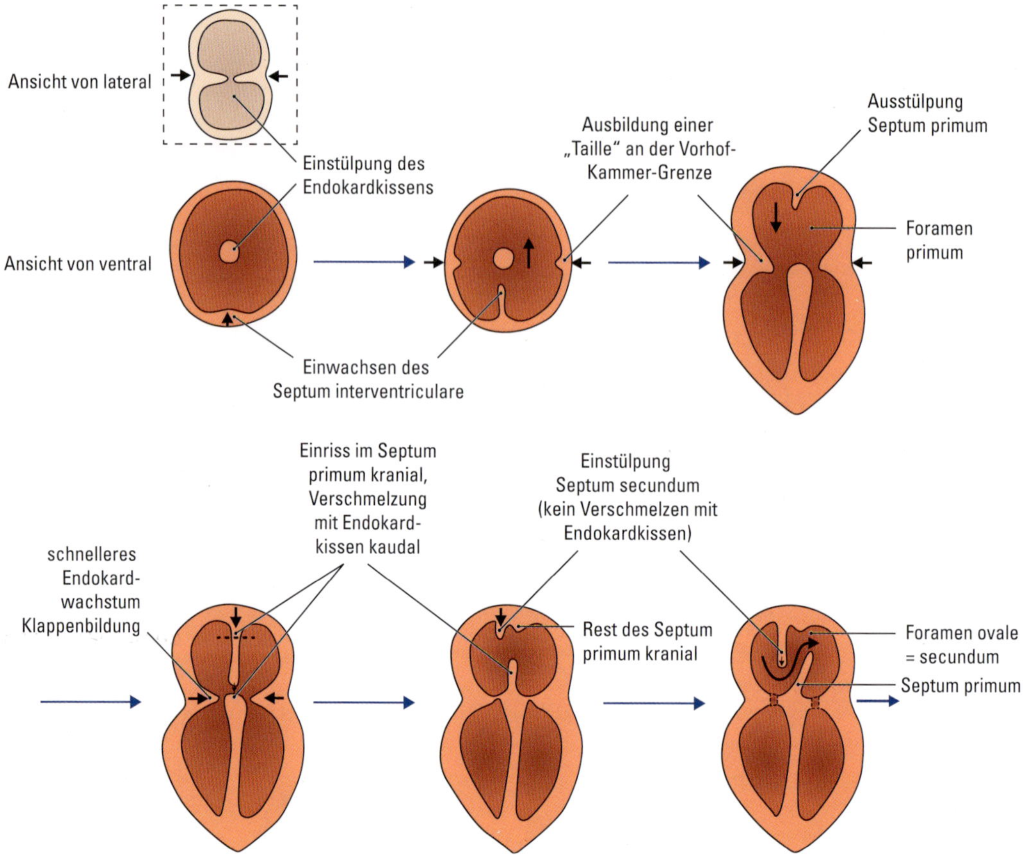


**Abb. 13 b: Entwicklung des Herzens (2)** *medi-learn.de/ana1-13b*

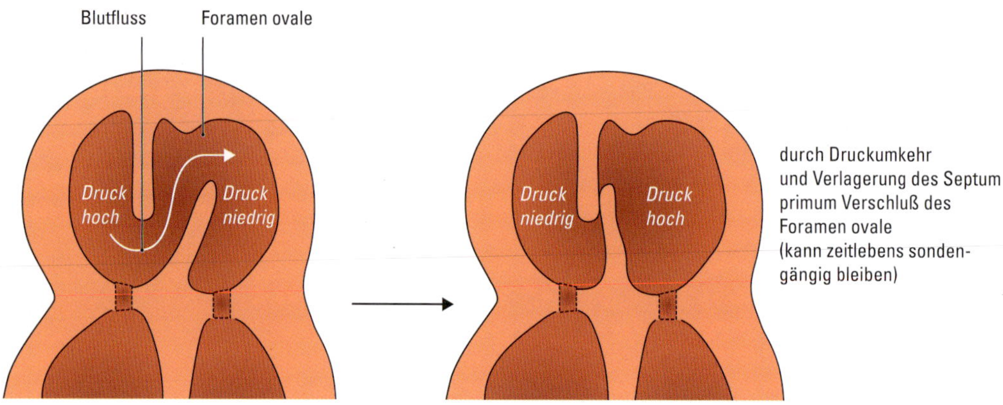


**Abb. 13 c: Verschluss des Foramen ovale bei der Geburt** *medi-learn.de/ana1-13c*

**Abb. 13 a-c: Entwicklung des Herzens**

Dieses Septum wächst jedoch nicht auf das Endokardkissen zu und verschmilzt mit diesem, sondern **hört** vorher, etwa auf der Mitte der Strecke, **auf**. Die Enden von Septum primum und Septum secundum **überlappen** sich. Im Gegensatz zum Erwachsenen ist beim Fetus der Blutdruck im rechten Vorhof höher als im linken. Durch den erhöhten Druck im rechten Vorhof wird das Septum primum nach links aufgedrückt, wodurch eine Verbindung zwischen rechtem und linkem Herzen entsteht. Dieses Foramen wird **Foramen ovale cordis** (Foramen secundum) genannt. Es entsteht durch Degeneration im Septum primum. Durch das Foramen ovale gelangt pränatal der Hauptblutstrom vom rechten Vorhof direkt zum linken Vorhof (vom Lungen- zum Körperkreislauf). Daher stellt es einen **Rechts-Links-Shunt** dar. Postnatal kehrt sich der Druck in den Vorhöfen um, wodurch sich das Septum primum aufgrund des Druckabfalls im rechten Vorhof zur anderen Seite umlagert. Dabei legt es sich dem Septum secundum an und das Foramen ovale wird **funktionell** verschlossen.

**Merke!**

Das Foramen ovale kann **zeitlebens sondengängig** bleiben.

### 2.7.3 Fetaler Blutkreislauf

Der fetale Blutkreislauf weist **drei Umgehungskreisläufe** auf:

1. Der erste Umgehungskreislauf ist der **Ductus venosus (Arantii)**. Er leitet den über die V. umbilicales von der Plazenta kommenden Blutstrom an der **Leber** vorbei. Gäbe es diesen Kurzschluss nicht, würde das sauerstoffreiche Blut durch die Leber fließen, noch bevor es das Herz erreicht hat, und durch die daraus resultierende Reduzierung des $O_2$-Gehalts im Blut zu einer Minderversorgung der restlichen Organe führen. Postnatal obliteriert der Ductus venosus (Arantii) zum **Ligamentum venosum**.
2. Der zweite fetale Kurzschluss ist das Foramen ovale cordis (s. Abb. 14, S. 48). Hier wird das Blut direkt vom rechten in den linken Vorhof geleitet, sodass das sauerstoffreiche Blut schneller dem Gehirn zugeführt werden kann.
3. Der dritte fetale Kurzschluss ist der **Ductus arteriosus (Botalli)**. Er führt das Blut vom Truncus pulmonalis in den Aortenbogen und somit an der **Lunge** vorbei. Der Embryo besitzt zwar schon einen Lungenkreislauf, pränatal sind die Lungen jedoch nicht belüftet, sodass es nicht erforderlich ist, das gesamte (mittlerweile schon deutlich venöse) Blut durch die Lunge, erneut durch das Herz und erst dann weiter in den Körper zu schicken. Der Ductus arteriosus Botalli obliteriert zum **Ligamentum arteriosum**.

Der Hauptteil des Blutes wird deswegen in den Aortenbogen geleitet, was dazu führt, dass die **obere** Körperhälfte deutlich **mehr** mit **Sauerstoff** versorgt wird als die untere (s. Abb. 14, S. 48). Dies sieht man dem Neugeborenen auch an: Sein Kopf erhält viel Sauerstoff und ist deswegen im Vergleich zum restlichen Körper deutlich größer als es beim Erwachsenen der Fall ist. Die unteren Extremitäten sind hingegen verglichen mit dem Kopf noch deutlich zu klein. Erst mit der Umstellung des Kreislaufs nach der Geburt erfolgt dann eine gleichmäßige Blutversorgung, und der Ductus venosus Arantii obliteriert zum **Ligamentum venosum**.

4. Die V. umbilicalis (vom Nabel zur Leber) wird zum Lig. teres hepatis.
5. Die **Anfangsteile** der **Aa. umbilicales** geben die **Aa. vesicales superiores** ab, während die **distalen** Teile der **Aa. umbilicales** zu den **Ligg. umbilicalia medialia** (s. Abb. 15, S. 50) werden.

**Merke!**

Nach Unterbrechung der Nabelschnurdurchblutung erfolgt die perinatale Kreislaufumstellung durch den funktionellen Verschluss des Foramen ovale, die Kontraktion des Ductus arteriosus (Botalli) und die Kontraktion des Ductus venosus (Arantii).

**Übrigens ...**

Die schlechte Durchblutung der Lunge, die überdies noch mit sehr sauerstoffarmen Blut erfolgt, ist eine der Hauptursachen dafür, dass die Lunge beim ungeborenen Kind am langsamsten von allen Organen reift.

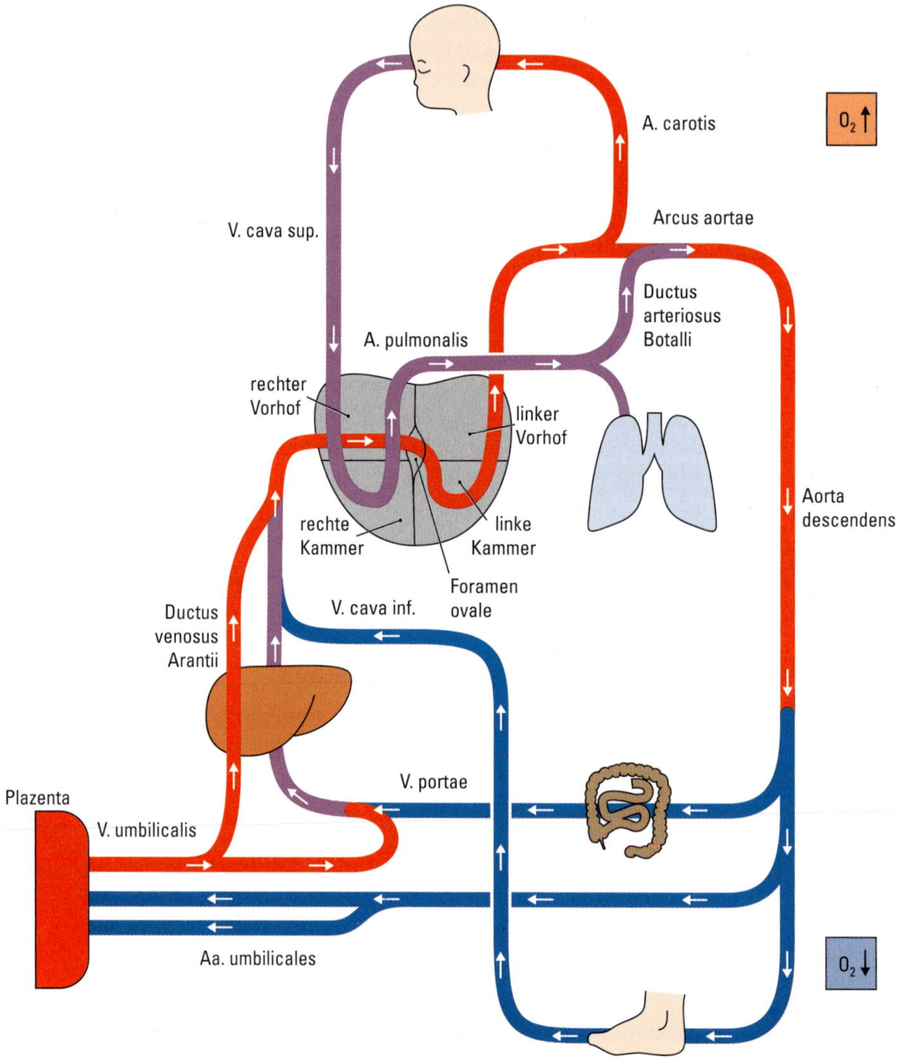


**Abb. 14: Fetaler Blutkreislauf**

*medi-learn.de/ana1-14*

Die ersten roten Blutzellen entstehen in der Wand des Dottersacks, danach übernehmen Leber und Milz die Blutbildung (Erys mit HbF); erst dann erfolgt die Blutbildung im Knochenmark (HbA).

### 2.7.4 Entwicklung des Respirationstrakts

Die Lunge entwickelt sich aus dem **Vorderdarm** (s. Kapitel 2.9.1, S. 56). Etwa in der 4. Entwicklungswoche stülpt sich ein **Lungendivertikel** aus dem Vorderdarm aus. Dieses Lungendivertikel wächst nach kaudal und teilt sich zunächst in zwei Lungenknospen, aus denen dann rechts weitere drei und links noch zwei **Lungenknospen** werden. Entsprechend des Verlaufs der späteren Bronchien erfolgt anschließend eine immer noch weitere Aufteilung der Lungenknospen, bis sich schließlich die Lunge komplett ausgebildet hat. Bis zum Beginn des 7. Entwicklungsmonats hat sich jede der zwei Ursprungslungenknospen bereits ca. 17-mal geteilt. Weitere Teilungsschritte finden nach der Geburt statt, wobei die Entwicklung der Alveolen bis ungefähr zum 10. Lebensjahr andauert. Da die Lunge bzw. ihr Epithel aus dem Vorderdarm entstehen, bildet sich das Epithel der Lunge (und damit auch das der Trachea und das des Kehlkopfs) aus **Entoderm**. Die Knorpelspangen stammen dagegen – wie alle Knorpel – aus **Mesoderm**.

Entwicklungsgeschichtlich bedingt, besteht zunächst eine Verbindung zwischen Trachea und Ösophagus. Im Laufe der weiteren Entwicklung bildet sich an deren Stelle ein Septum oesophagotracheale aus.

**Übrigens ...**
Eine mögliche Missbildung ist eine unvollständige Ausbildung dieses Septums, sodass es zu einer Fistelbildung zwischen Trachea und Ösophagus kommt. Diese Fistel muss operativ verschlossen werden.

Wie oben bereits beschrieben, entsteht die Lunge durch die Ausbildung eines Lungendivertikels aus dem Vorderdarm. Der Vorderdarm ist komplett von einer Schicht aus **Mesoderm** überzogen. Auch das Lungendivertikel bleibt von einer mesodermalen Schicht bedeckt. Da dieses Mesoderm direkt an das entsprechende Organ grenzt, wird es als **viszerales Mesoderm** bezeichnet.

Auch die **Zölomhöhle** (Körperhöhle) ist von Mesoderm bedeckt. Da dieses jedoch organfern liegt, bezeichnet man es als **parietales Mesoderm**. Durch Verschmelzung des viszeralen und parietalen Mesoderms entsteht schließlich die Trennung von **Peritoneal-** und **Pleurahöhle**.

Insgesamt dauert die Lungenentwicklung mindestens sieben Monate. Frühestens ab dem 6. Entwicklungsmonat (ca. 22. Woche) ist die Lunge soweit gereift, dass ein frühgeborenes Kind eine Überlebenschance hat. Die Entwicklung der Lunge ist u. a. deswegen so langwierig, weil die Lunge im fetalen Blutkreislauf nur gering mit Blut versorgt wird: Ein großer Teil des Bluts wird über den Ductus arteriosus Botalli an der Lunge vorbei vom Truncus pulmonalis in den Aortenbogen fortgeleitet, und auch zu diesem Zeitpunkt befindet sich in dem schon vorhandenen Lungenkreislauf überwiegend venöses Blut. Da sich Organe entsprechend ihrer Sauerstoffversorgung entwickeln, entwickelt sich daher die Lunge nur sehr langsam.

**Übrigens ...**
Häufig liegt bei Frühgeborenen auch ein Surfactantmangel vor. Dies führt dazu, dass die Lunge sich nur zögernd entfaltet und/oder die Alveolen wieder kollabieren und das Kind dadurch ein postnatales Atemnotsyndrom (RDS – respiratory distress syndrome) entwickelt.

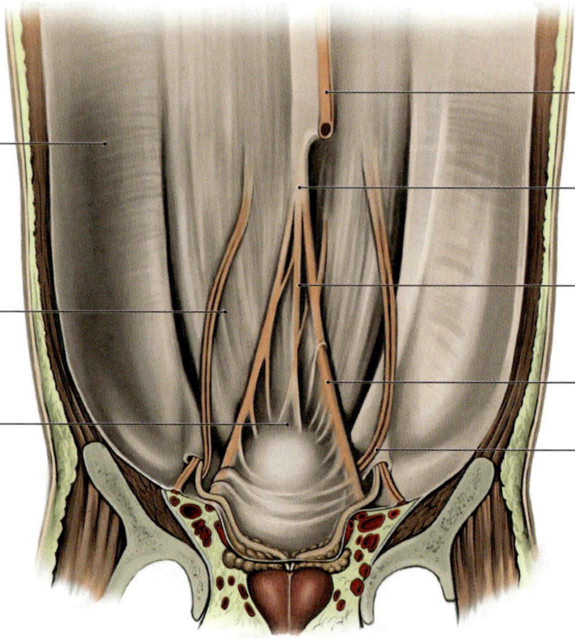


**Abb. 15: Plicae umbilicales** *medi-learn.de/ana1-15*

## DAS BRINGT PUNKTE

Die Schlundfurchen wurden im schriftlichen Examen noch nie gefragt. **Schlundtaschen** und **Kiemenbögen** kommen fast in jedem Examen dran; Welche Arterie kommt woher?, Was ist der Meckel-Knorpel? etc.

Zu den **Schlundbögen** solltet du fürs Schriftliche daher parat haben, dass

- aus der Anlage des 1. Schlundbogens NICHT das Philtrum der Oberlippe entsteht.

Zum Thema **Herzentwicklung** solltest du unbedingt wissen, dass

- die Pulsation des frühembryonalen Herzens des Menschen durch bestimmte Zellen im Sinus venosus gesteuert wird. Diese sind, wie beim späteren Herzen auch, spezialisierte Muskelzellen (Antwortmöglichkeiten wie „spezialisierte Nervenzellen, Stoffe in der Perikardialflüssigkeit" etc. sind daher falsch!).
- das Foramen ovale einen rechts-links-Shunt darstellt,
- das Foramen ovale postnatal funktionell durch das Septum primum verschlossen wird und
- das Foramen ovale zeitlebens sondengängig bleiben kann.

Die Lieblingsantworten im Schriftlichen zum **fetalen Blutkreislauf** betreffen die weitere Entwicklung der fetalen Blutgefäße. Aus diesem Bereich solltest du dir merken, dass

- die Anfangsteile der Aa. umbilicales die Aa. vesicales superiores abgeben.
- die distalen Teile der Aa. umbilicales zu den Ligg. umbilicalia medialia (s. Abb. 14, S. 48) werden.
- die V. umbilicalis zum Ligamentum teres hepatis obliteriert.
- der Ductus arteriosus (Botalli) zum Ligamentum arteriosum zwischen linker A. pulmonalis (bzw. Truncus pulmonalis) und Aortenbogen wird.
- der Ductus venosus (Arantii) die V. umbilicalis mit der V. cava inferior verbindet und nach der Geburt zum Ligamentum venosum obliteriert.
- der Sauerstoffgehalt bei der Umstellung vom fetalen auf den postnatalen Kreislauf am stärksten im herznahen Abschnitt der Vena cava inferior abfällt.
- im fetalen Kreislauf der Ductus venosus (Arantii) das sauerstoffreichste Blut führt.
- im fetalen Kreislauf die V. iliaca interna das sauerstoffärmste Blut führt.
- postnatal der $O_2$-Gehalt in der V-cava inf. am stärksten abfällt

Die **Entwicklung des Respirationstrakts** wurde im Schriftlichen bislang nicht gefragt.

## FÜRS MÜNDLICHE

Mit den folgenden Fragen kannst du das Gelernte nun überprüfen. Wer die Herzentwicklung aufzeichnen oder erklären kann, macht (wenn er es richtig macht) einen ziemlich guten Eindruck!

**1. Bitte erklären Sie, was aus dem Mandibularbogen entsteht.**

**2. Bitte erläutern Sie, was sich aus dem Hyoidbogen entwickelt.**

## FÜRS MÜNDLICHE

3. **Bitte erklären Sie, was sich aus dem 3. Kiemenbogen bildet.**

4. **Erläutern Sie bitte, was das besondere an der Entwicklung der Nebenschilddrüsen ist.**

5. **Bitte erklären Sie, welches Gefäß sich beim Embryo aus 2 Anteilen entwickelt.**

6. **Bitte erklären Sie, was das Foramen ovale ist.**

7. **Kennen Sie noch einen anderen Rechts-Links-Shunt?**

Zum Thema fetaler Blutkreislauf sollte man seinem Prüfer die Unterschiede zwischen fetalem und adultem Blutkreislauf erklären können.

8. **Nennen Sie bitte wesentliche Unterschiede zwischen fetalem und adultem Blutkreislauf.**

9. **Nennen Sie die Gemeinsamkeit von Lunge und Magen.**

10. **Bitte erläutern Sie, wie lange die Entwicklung der Lunge dauert.**

11. **Erklären Sie, warum Frühgeborene häufig pulmonale Probleme haben.**

---

**1. Bitte erklären Sie, was aus dem Mandibularbogen entsteht.**

- M. masseter, M. temporalis, Mm. pterygoidei,
- M. diagastricus (Venter anterior), M. mylohyoideus, M. tensor tympani, M. tensor veli palatini,
- Hammer, Amboss, Mandibula, kleiner Teil der Maxilla und
- Meckel-Knorpel.

Die aus dem Mandibularbogen entstandenen Muskeln werden vom N. mandibularis (V 3) versorgt. Die den Mandibularbogen versorgenden Gefäße bilden sich zurück.

**2. Bitte erläutern Sie, was sich aus dem Hyoidbogen entwickelt.**

Aus dem Hyoidbogen (2. Kiemenbogen) entstehen

- M. stapedius, M. stylohyoideus, M. digastricus (Venter posterior), mimische Muskeln,
- Steigbügel,
- Processus styloideus (Os temporale),
- Ligamentum stylohyoideum, Cornu minus und oberer Teil des Os hyoideum sowie
- Reichert-Knorpel.

Die aus dem Hyoidbogen entstandenen Muskeln werden vom N. intermediofacialis (aus VII) versorgt. Die den Hyoidbogen versorgenden Gefäße bilden sich zurück.

**3. Bitte erklären Sie, was sich aus dem 3. Kiemenbogen bildet.**

Aus dem 3. Kiemenbogen entstehen

- N. glossopharyngeus (IX),
- unterer Teil der A. carotis interna,
- M. stylopharyngeus, M. constrictor pharyngis und medius sowie
- Cornu majus und unterer Teil des Os hyoideum.

**4. Erläutern Sie bitte, was das besondere an der Entwicklung der Nebenschilddrüsen ist.**

Die unteren beiden Glandulae parathyroideae entstehen aus der 3. Schlundtasche, die oberen beiden aus der 4. Schlundtasche.

## FÜRS MÜNDLICHE

**5. Bitte erklären Sie, welches Gefäß sich beim Embryo aus 2 Anteilen entwickelt.**
Die A. carotis interna entsteht aus der 3. Kiemenbogenarterie und der dorsalen Aorta.

**6. Bitte erklären Sie, was das Foramen ovale ist.**
Ein Rechts-Links-Shunt zwischen den Vorhöfen im embryonalen Blutkreislauf. Es wird begrenzt vom Septum primum und vom Septum secundum. Nach der Geburt erfolgt der Verschluss aufgrund der Druckumkehr durch das Septum primum. Das Foramen ovale kann zeitlebens sondengängig bleiben.

**7. Kennen Sie noch einen anderen Rechts-Links-Shunt?**
Den Ductus arteriosus Botalli. Er verbindet den Truncus pulmonalis (aus der rechten Kammer) mit dem Aortenbogen (aus der linken Kammer).

**8. Nennen Sie bitte wesentliche Unterschiede zwischen fetalem und adultem Blutkreislauf.**
fetal:
Shunts/Umgehungskreisläufe:
- Ductus arteriosus (Botalli),
- Ductus venosus (Arantii),
- Foramen ovale.

Das arterielle Blut gelangt in die V. cava inferior, im gesamten Lungenkreislauf befindet sich rein venöses Blut, die $O_2$-Sättigung ist kranial viel höher als kaudal.

adult:
keine Shunts
In der V. cava inferior befindet sich venöses Blut, der Tr. pulmonalis ist venös, die V. pulmonalis arteriell, $O_2$ ist gleichmäßiger verteilt.

**9. Nennen Sie die Gemeinsamkeit von Lunge und Magen.**
Beide entstehen aus dem Vorderdarm.

**10. Bitte erläutern Sie, wie lange die Entwicklung der Lunge dauert.**
Beim Embryo 7 Monate; allerdings findet noch bis zum 10. Lebensjahr eine weitere Entwicklung der Lungenknospen statt.

**11. Erklären Sie, warum Frühgeborene häufig pulmonale Probleme haben.**
Beim fetalen Blutkreislauf wird das meiste Blut über den Ductus arteriosus (Botalli) (der später zum Lig. arteriosum obliteriert) an der Lunge vorbei geleitet. Außerdem fließt (aufgrund des Aufbaus des fetalen Blutkreislaufs) überwiegend venöses Blut zur Lunge (der geschickte Student kann den Prüfer jetzt noch mit einer Skizze des fetalen Blutkreislaufs beeindrucken...). Da Organe sich je nach Sauerstoffangebot schneller oder langsamer entwickeln, entwickelt sich die Lunge daher sehr langsam.
Erst ab dem 7. Entwicklungsmonat (frühestens!) ist die Lunge weit genug gereift, dass das Kind von alleine atmen kann.

Mehr Cartoons unter www.medi-learn.de/cartoons

# Pause

Endspurt! Noch einmal kurz grinsen,
dann geht's auf zum letzten Kapitel ...

## 2.8 Entwicklung der Bauchorgane

Insbesondere die Entwicklung der Verdauungsorgane solltest du dir gut einprägen. Die ist nämlich nicht nur fürs Bestehen der Physikumsprüfung wichtig, sondern wurde auch schon in der ein oder anderen Facharztprüfung Chirurgie gefragt. Außerdem gehört die Entwicklung der Bauchorgane zu den einfacheren Themen. Wer die Herzentwicklung geschafft hat, hat also das Schlimmste bereits überstanden.

### 2.8.1 Entwicklung der Nieren

Die Niere entwickelt sich über drei Generationen:

1. **Vorniere**,
2. **Urniere** und
3. **Nachniere**.

Die ersten Zellen, denen man eine Ausscheidungs- und Entgiftungsfunktion zuspricht, werden auch als **Vorniere** bezeichnet. In der weiteren Entwicklung bilden sich diese Zellen zum größten Teil zurück und es bleibt lediglich ein **Vornierengang** bestehen, der in der **Urniere** beim Mann zum **Wolff-Gang** weiterentwickelt wird. Diese Zellen bilden damit die späteren **inneren Genitalorgane** des Mannes. Bei der Frau degenerieren diese Zellen, der Wolff-Gang bildet sich zurück und übrig bleibt ein stecknadelkopfgroßes Anhängsel an der Tube: die **Morgagni-Hydatide** oder der **Appendix tubarius**. Die inneren weiblichen Genitalorgane entwickeln sich aus dem **Müller-Gang**. Das entsprechende Rudiment beim Mann wird ebenfalls **Morgagni-Hydatide** oder **Appendix testis** genannt.

Im Gegensatz zum Wolff-Gang des Mannes entsteht der Müller-Gang der Frau NICHT aus der Urniere.

Die nächste Entwicklungsstufe stellt die **Urniere** dar. Sie ist jedoch nur für kurze Zeit als Ausscheidungsorgan funktionsfähig.

Die **Nachniere** bildet die **spätere** (definitive) Niere und entwickelt sich im Wesentlichen aus zwei Anteilen (s. Abb. 16):

- der **Ureterknospe** und
- dem **metanephrogenen Blastem.**

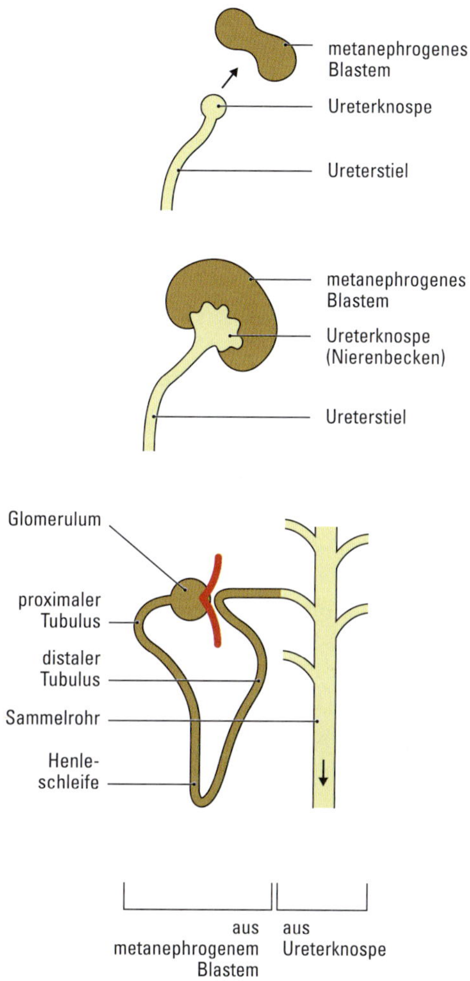


**Abb. 16: Entwicklung der Nieren**

*medi-learn.de/ana1-16*

Die Ureterknospe entsteht aus mesodermalem Gewebe im kleinen Becken. Von dort aus wächst das Gewebe nach kranial. Man kann dieses Wachstum mit dem Wachstum einer Pflanze vergleichen: Beim Wachsen nach oben bildet sich ein Stiel aus, und am Ende des Stiels befindet sich die Knospe. Der Stiel wird als **Ureterstiel** bezeichnet und bildet den späteren **Ureter**. Die Knospe heißt tatsächlich auch **Ureterknospe**, und aus ihr entwickeln sich die **Nierenbecken** und die **Sammelrohre**. Als nächstes entsteht das **metanephrogene Blastem**. Es entsteht in dem Bereich, in dem auch die spätere Niere liegt. Das **metanephrogene Blastem** setzt sich wie ein Mützchen auf die Ureterknospe und umgibt diese zu einem großen Teil. Aus ihm entwickeln sich

- das **Nierenparenchym** (das typische Gewebe der Niere),
- die **Glomeruli**,
- der **proximale Tubulus**,
- die **Henle-Schleife** und
- der **distale Tubulus**.

#### 2.8.2 Entwicklung der Harnblase und des Urachus

Beide Ureteren münden in die Harnblase, die aus dem **Entoderm** entsteht. Beim Embryo ist das aber noch anders: Hier entwickelt sich zunächst der **Urachus**, der **Urharngang**. Dieses Lumen verbindet die Harnblase mit dem **Nabel**, was dazu führt, dass der Urin beim Embryo über den Nabel in das Fruchtwasser abgegeben wird. Normalerweise obliteriert der Urachus und wird während der weiteren Entwicklung durch die Urethra (Harnröhre) ersetzt.

**Merke!**

Der Urachus ist ein Rest des Allantoisgangs (s. Kapitel 1.9, S. 23).

**Übrigens ...**

- Dem Phänomen des nässenden Nabels beim Neugeborenen kann eine Fistelbildung zugrunde liegen. Ursache hierfür ist die mangelhafte Rückbildung des Urachus.
- Mündet die Urethra beim Mann fälschlicherweise auf der Ober- bzw. der Unterseite des Penis, so nennt man dies Epi- bzw. Hypospadie. Sie stellt eine Hemmungsmissbildung des Urogenitalsystems dar.

### 2.9 Entwicklung des Verdauungstrakts

Beherrscht du die Entwicklung des Verdauungstrakts, so kannst du dir die anatomische Lage und die Peritonealverhältnisse ganz gut herleiten. Die Herleitung funktioniert natürlich auch umgekehrt ...

#### 2.9.1 Allgemeine Entwicklung der einzelnen Darmabschnitte

Der gesamte Magen-Darm-Trakt entsteht aus dem **primitiven Darmkanal**. Der primitive Darmkanal verbindet als schlauchförmige Struktur den Mund mit dem Rektum. Bedingt durch anatomische Besonderheiten und die Lage kann man den primitiven Darmkanal weiter unterteilen (s. Abb. 17, S. 57):

- Als **Vorderdarm** bezeichnet man den Abschnitt, aus dem vom Pharynx bis zum Beginn des Duodenums die einzelnen Abschnitte des Verdauungstrakts entstehen,
- als **Mitteldarm** den Bereich, aus dem sich das untere Duodenum, das Jejunum, das Ileum, das Colon ascendens und das Colon transversum entwickeln und
- als **Enddarm** den Teil, aus dem das Colon descendens, das Sigmoid und das Rektum entstehen.

Die Einteilung in die drei Darmabschnitte ist nicht willkürlich gewählt, sondern durch anatomische Besonderheiten markiert. Im Bereich des **Duodenums** und damit am Übergang vom Vorderdarm zum Mitteldarm ist eine große **Anastomose** lokalisiert. Hier ändert sich die Gefäßversorgung vom Truncus coeliacus zur Arteria mesenterica superior. Zwischen den Ästen dieser beiden Gefäße haben sich große

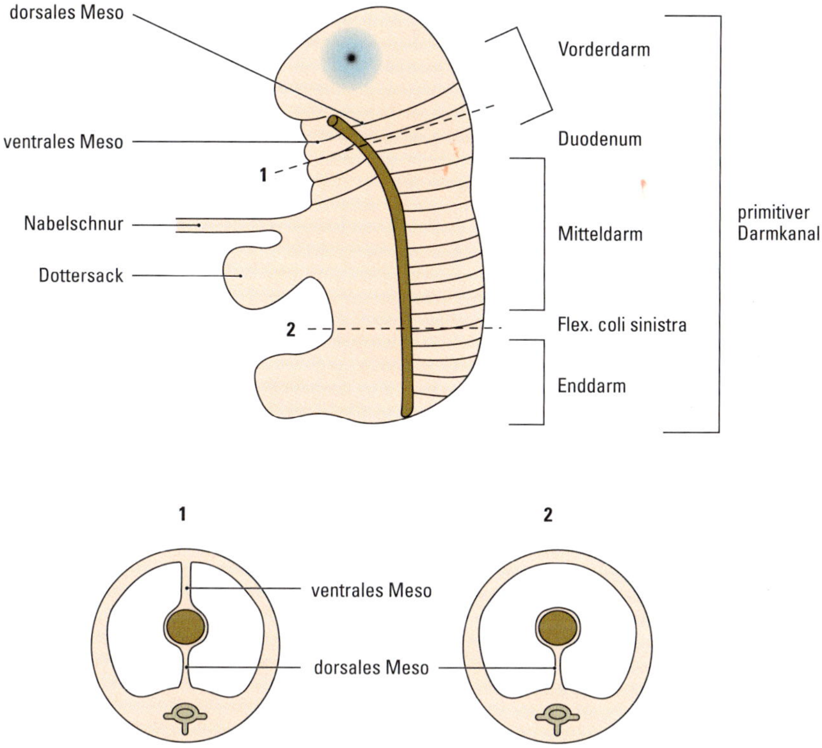


**Abb. 17: Entwicklung des Verdauungstrakts im Überblick** *medi-learn.de/ana1-17*



Anastomosen ausgebildet. Auch der Übergang vom Mittel- zum Enddarm im Bereich der **linken Colonflexur** ist durch eine **Gefäßanastomose** markiert. Hier ändert sich die Gefäßversorgung von der Arteria mesenterica superior zur Arteria mesenterica inferior. Die Anastomose in diesem Bereich wird als Riolan-Anastomose bezeichnet. Außerdem liegt in diesem Bereich noch der Cannon-Böhm-Punkt. Er bezeichnet die Änderung der parasympathischen Innervation: Bis zur linken Colonflexur wird der Verdauungstrakt vom Nervus vagus innerviert, ab dem Cannon-Böhm-Punkt von sakralen parasympathischen Fasern. An der **Coelomhöhle** (Leibeshöhle) ist der primitive Darmkanal durch bindegewebige Strukturen fixiert, die man als **Meso** bezeichnet. Unterschieden werden ein ventrales und ein dorsales Meso: Während das **ventrale Meso** nur den Vorderdarm und einen kleinen Teil des Mitteldarms befestigt (das ventrale Meso endet auf Höhe des **Bauchnabels**), reicht das **dorsale Meso** über die **gesamte** Strecke des primitiven Darmkanals (s. Abb. 17). Je nach Organ wird die Bezeichnung „Meso" dann noch ergänzt, z. B. Mesogastrium, Mesocolon etc.

## 2.9.2 Entwicklung der Oberbauchorgane

Im Bereich des Oberbauchs zieht der Vorderdarm von kranial nach kaudal und ist über das ventrale und das dorsale Meso nach vorne und hinten fixiert. Sowohl im Bereich des ventralen Mesos als auch im Bereich des dorsalen Mesos wandern Zellen ein, die Zellhaufen bilden und sich so zu Organen weiterentwickeln (s. Abb. 18, S. 58).

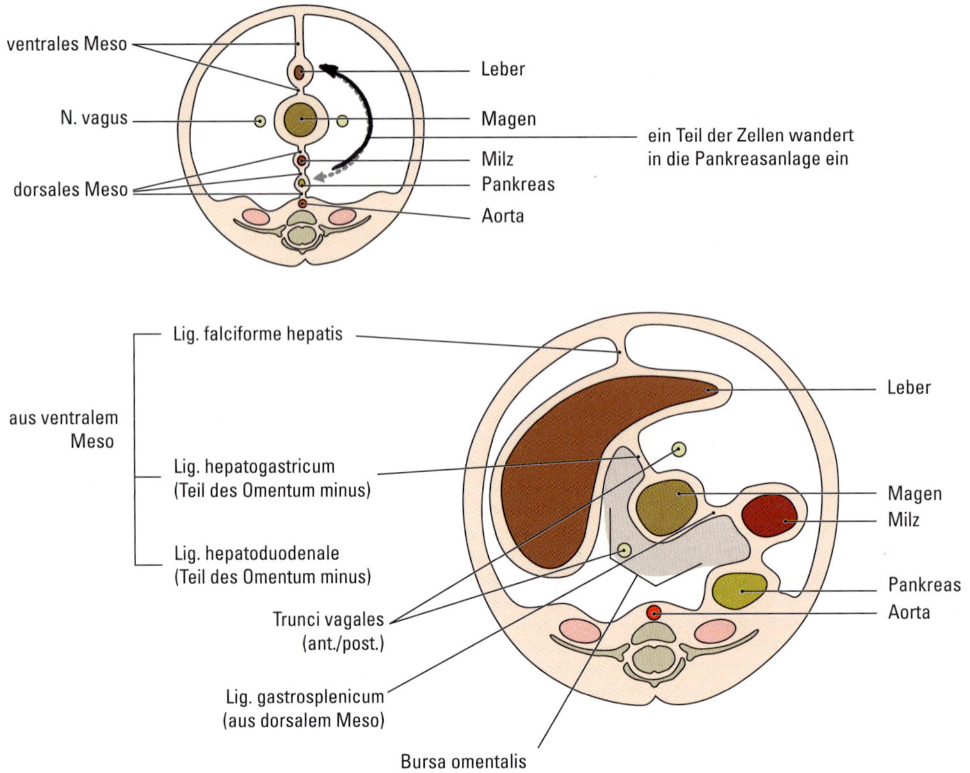


**Abb. 18: Entwicklung der Oberbauchorgane** *medi-learn.de/ana1-18*

- Im **Mesogastrium ventrale** entwickelt sich die **Leber** (ab dem 24. Tag beginnen Leberparenchymzellen (Entoderm) in das Septum transversum zu wachsen und sich weiter zu differenzieren. Die bindegewebigen Strukturen der Leber, deren blutbildende Zellen und die von-Kupffer-Sternzellen stammen somit vom Septum transversum ab),
- im **Mesogastrium dorsale** entstehen **Pankreas** und **Milz**.

Auch einige Zellen aus dem **ventralen** Meso wandern in das sich entwickelnden Pankreas ein. Dabei kann man jedoch NICHT den aus dem ventralen und den aus dem dorsalen Meso stammenden Zellen endokrine oder exokrine Funktionen zuordnen. Es ist vielmehr so, dass aus beiden Zellanteilen auch beide Anteile des Pankreas entstehen.

Zu Beginn der Entwicklung sind die Oberbauchorgane also wie die Perlen einer Perlenkette am Mesogastrium nacheinander aufgereiht (s. Abb. 18).

Dann kommt es jedoch zu einem ausgeprägten Wachstum der Leber, insbesondere der **rechten Leberseite**. Außerdem dreht sich der Magen, was zu einer Verlagerung der Oberbauchorgane führt. In der Folge nimmt die Leber den gesamten rechten Oberbauch ein. Der primitive Darmkanal, aus dem auf dieser Höhe der Magen entsteht, liegt weiterhin zentral in der Mitte, die Milz wird nach links lateral gedrängt und das Pankreas nach dorsal. Trotzdem bleiben weiterhin alle Organe durch Reste des Mesos miteinander verbunden. Diese Reste des Mesos kann man auch am erwachsenen Menschen noch sehen:

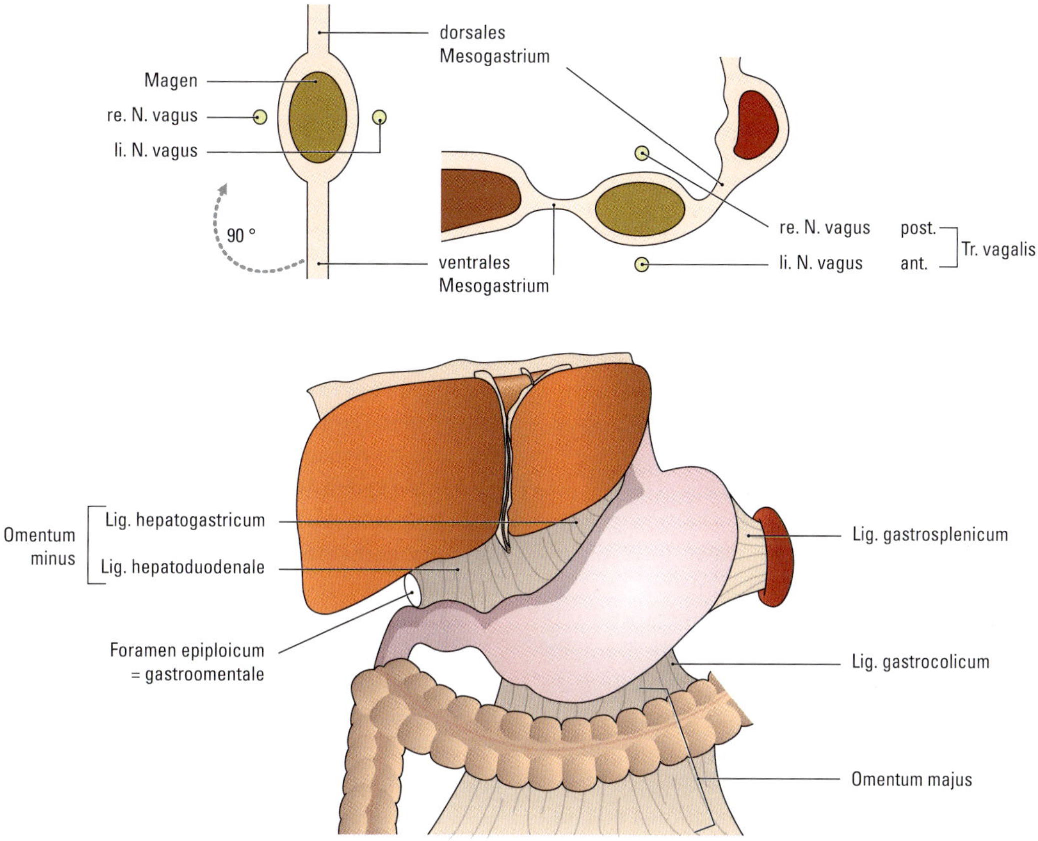


**Abb. 19: Entwicklung des Magens mit Magendrehung** *medi-learn.de/ana1-19*

- Aus dem Mesogastrium ventrale entsteht zum einen – von der Leber zur vorderen Bauchwand ziehend – das **Ligamentum falciforme hepatis**. Aus dem Teil zwischen Leber und Magen entsteht das **Ligamentum hepatogastricum**. Etwas kaudal davon liegt das **Ligamentum hepatoduodenale**. Das Ligamentum hepatogastricum und das Ligamentum hepatoduodenale bilden gemeinsam das **Omentum minus** (man könnte auch sagen, das Omentum minus stammt aus dem Mesohepaticum dorsale).
- Aus dem dorsalen Mesogastrium entwickelt sich das **Ligamentum gastrosplenicum** und das **Omentum majus**. Ein Ligamentum splenopancreaticum ist ebenfalls ausgebildet, jedoch anatomisch irrelevant.

Die Leber rechts, die Milz links, die Hinterwand des Magens vorne und die Vorderseite des Pankreas hinten sowie die diese Organe verbindenden Bänder begrenzen einen Hohlraum. Dieser Hohlraum wird **Bursa omentalis** genannt. Der Eingang in die Bursa omentalis liegt kaudal des Ligamentum hepatoduodenale und wird **Foramen epiploicum** oder **Foramen gastroomentale** genannt.

### 2.9.3 Entwicklung des Magens

Der Magen ist entwicklungsgeschichtlich eine Ausstülpung des **Vorderdarms**. Hierbei ist zu beachten, dass die ventrale Wand des Vorderdarms etwas langsamer wächst als die dorsale, was zu einem asymmetrischen Wachstum führt. Im Laufe der Entwicklung dreht sich außerdem der Magen um **90 Grad im Uhrzeigersinn**, was zur Folge hat, dass die **linke** Seite **ventral** liegt und die **rechte dorsal**. Dasselbe gilt auch für den rechten und den linken **Nervus vagus**: Der linke Vagus zieht ventral über den Magen, der rechte dorsal (s. Abb. 19, S. 59). Daher versorgt der rechte Nervus vagus auch das Pankreas, der linke jedoch nicht.

Nachdem sich der Magen um 90 Grad im Uhrzeigersinn gedreht hat, kippt sich der Mageneingang noch etwas nach **links** (der Ösophagus, der in den Magen führt, tritt daher auch eher links durch das Zwerchfell). Die Vorderwand des Magens kommt also durch die Drehung und Kippung rechts oben zum Liegen. Dies ist die Wand, die etwas langsamer wuchs, wodurch die kleine Kurvatur entsteht. Dementsprechend bildet sich aus der Rückwand die große Kurvatur. Das **ventrale Mesogastrium** zieht nun nach rechts oben zur Leber und bildet das **Omentum minus**. Das dorsale Mesogastrium kleidet die **Bursa omentalis** aus. Bei der Magendrehung kommt es jedoch auch zum teilweisen Abreißen des dorsalen Mesogastriums, was dazu führt, dass kleine Teile des Mesogastriums von der großen Kurvatur des Magens am Colon entlang wie eine Schürze über die Bauchorgane hängen. Sekundär erfolgt zudem eine Verwachsung mit dem Colon transversum (Lig. gastrocolicum). Die Fasern des dorsalen Mesogastriums, die schürzenförmig über die Bauchorgane hängen, bezeichnet man als **Omentum majus**.

### 2.9.4 Entwicklung des Mitteldarms/ physiologischer Nabelbruch

Die Bezeichnung **Mitteldarm** meint die Darmabschnitte vom unteren Duodenum bis in die Nähe der linken Colonflexur und damit sowohl **Dünn-** als auch **Dickdarmabschnitte**. Der Mitteldarm ist durch den Bauchnabel mit dem **Dottersack** verbunden. Diese Verbindung wird als **Ductus omphaloentericus** bezeichnet. Während der **6. Entwicklungswoche** kommt es zu einem massiven Wachstumsschub des Mitteldarms. Intraembryonal ist zu diesem Zeitpunkt jedoch für eine solch schnelle Entwicklung kein Platz. Daher wird – durch die Kontraktion des **Ductus omphaloentericus** – der **Mitteldarm** in den Dottersack gezogen (s. Abb. 17, S. 57). Auch die Dünn- und Dickdarmabschnitte wachsen unterschiedlich schnell. Dies verursacht eine **Darmdrehung**: Der Darm dreht sich um **270 Grad entgegen** dem **Uhrzeigersinn**, was dazu führt, dass die Anlage des **Caecum zeitweise unterhalb** der Leber liegt. Die **Drehung** des Darms erfolgt dabei um die **Achse** der **Arteria mesenterica superior, die ja den Mitteldarm auch versorgt**. Der **Scheitelpunkt** der Nabelschleife wird durch den **Ductus omphaloentericus** markiert.

**Übrigens ...**
Dass sich der Darm um 270 Grad gegen den Uhrzeigersinn in der Embryonalentwicklung gedreht hat, lässt sich an der Lage bzw. dem Verlauf des Colon beim Erwachsenen noch nachvollziehen: Im Bereich der rechten Colonflexur, der linken Colonflexur und am Übergang vom Colon descendens zum Sigmoid ändert der Darm seine Richtung um jeweils ca. 90 Grad (3 · 90 Grad = 270 Grad).

Etwa ab der **10. bis 12. Entwicklungswoche** kommt es dann zu einer **Rückverlagerung** des Mitteldarms in den Bauchraum, und der Ductus omphaloentericus bildet sich – ebenso wie der Dottersack – zurück.

Bei **mangelhafter Rückbildung** können folgende Fehlbildungen entstehen:

- Das **Meckel-Divertikel** kennzeichnet den **Scheitelpunkt** der ehemaligen Nabelschleife. Es entsteht am Abgang des **Ductus omphaloentericus** (Vittelinus) am Scheitel der embryonalen Nabelschleife des Darms. Damit ist es eine Residualstruktur der entwicklungsgeschichtlichen Darm-Dottersack-Verbindung.

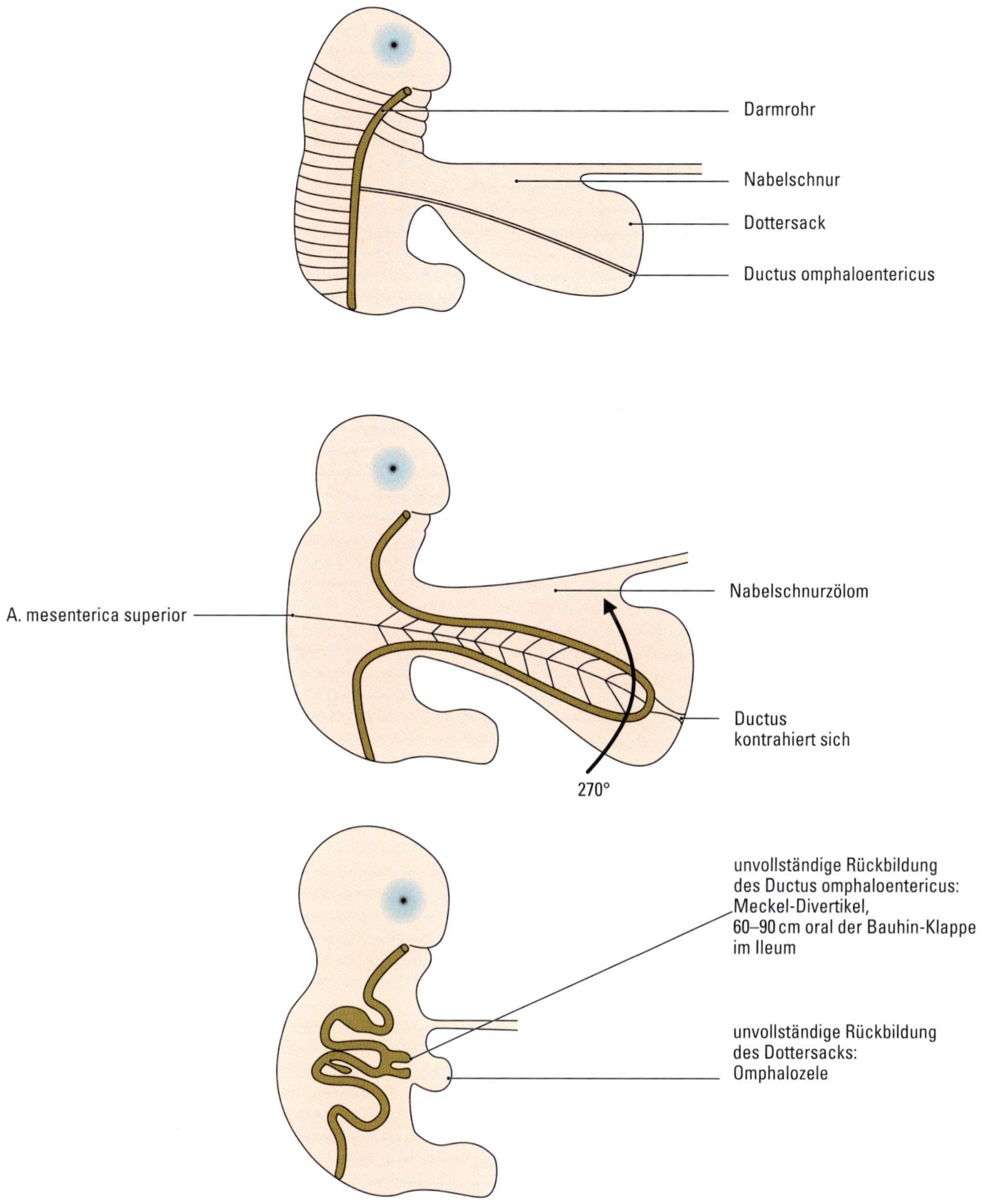


**Abb. 20: Entwicklung des Mitteldarms mit physiologischem Nabelbruch und Darmdrehung**

*medi-learn.de/ana1-20*

Da das Meckel-Divertikel durch eine Störung der Rückentwicklung entsteht, ist es **inkonstant**, was bedeutet, dass es nicht bei jedem Menschen vorkommt. Liegt jedoch ein Meckel-Divertikel vor, so ist es ca. **60** bis **90** cm **proximal** (oralwärts) der **Ileocoecalklappe** (Bauhin-Klappe) lokalisiert und liegt folglich im Bereich des **Ileums**.

Als **Omphalozele** bezeichnet man die Persistenz des physiologischen Nabelbruchs (s. IMPP-Bild 1, S. 68) und damit die Persistenz des Dottersacks. Der Dottersack ist entwicklungsgeschichtlich eine Aussackung der Nabelschnur und kann daher – ebenso wie die Nabelschnur – von Amnion bedeckt sein. Der Bruchsack kann sowohl Anteile des Dünndarms als auch des Mesenteriums enthalten Da jedoch der Ursprung des Dottersacks/der Nabelschnur im Bereich der späteren Rektusscheide liegt, kommt in der Wand der Omphalozele NIE Muskulatur vor. Die Muskulatur zieht in diesem Bereich bogenförmig um den Bauchnabel herum.

## 2.10 Entwicklung der Genitalorgane

Aus dem **Vornierengang** entsteht während der Entwicklung der **Urniere** beim Mann der Urnieren- oder **Wolff-Gang**. Diese Zellen bilden die späteren inneren Genitalorgane des Mannes. Bei der Frau degenerieren diese Zellen, der Wolff-Gang bildet sich zurück und übrig bleibt lediglich ein stecknadelkopfgroßes Anhängsel an der Tube, die **Morgagni-Hydatide** (Appendix tubarius, s. Kapitel 2.8.1, S. 55). Die Leydig-Zellen des menschlichen Hodens sind bereits bei der Geburt differenziert. Die inneren weiblichen Genitalorgane entwickeln sich aus dem Müller-Gang. Das entsprechende Rudiment beim Mann wird ebenfalls Morgagni-Hydatide (Appendix testis) genannt. Der Müller-Gang bildet sich jedoch NICHT aus der Urniere.

Der Uterus entsteht durch die **Verschmelzung** der beiden Müller-Schläuche. Bei einer Verschmelzungsstörung entsteht ein Uterus bicornis.

**Übrigens ...**

- Es sind immer ein Müller- und ein Wolff-Gang angelegt. Je nach Geschlecht entwickelt sich aber nur ein Gang weiter. Hierbei ist es für die Prüfung besonders wichtig zu wissen, dass die Sertoli-Zellen ABP und das Anti-Müller-Hormon (führt zur Rückbildung der Müller-Gänge) produzieren. (Die Leydig-Zellen bilden Testosteron.)
- Das Drüsenepithel der Prostata entwickelt sich aus dem Sinus urogenitalis, das Ligamentum teres uteri aus dem unteren Keimdrüsenband und die Glans clitoris aus einem Genitalhöcker.

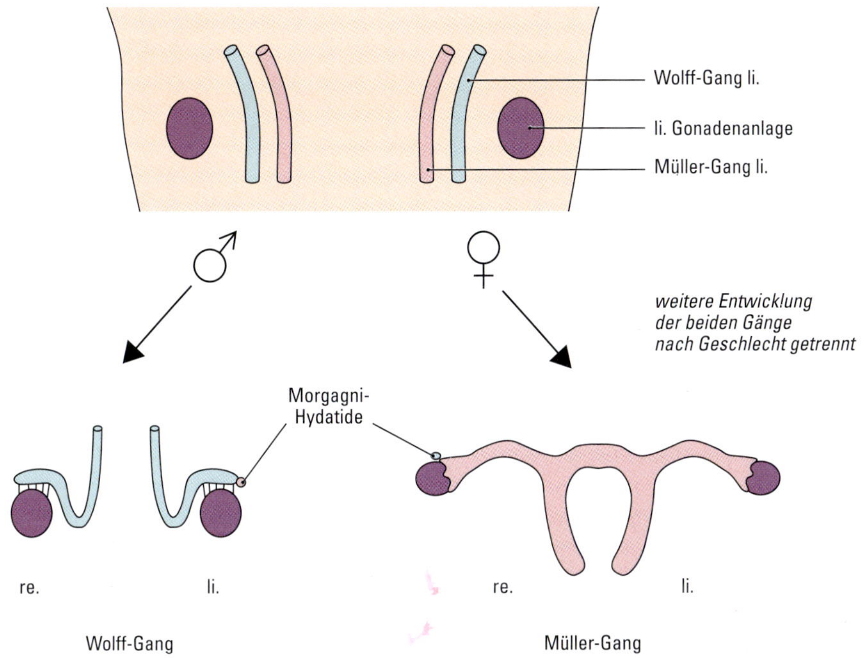


**Abb. 21: Entwicklung der Genitalorgane** *medi-learn.de/ana1-21*

## DAS BRINGT PUNKTE

Fragen zur **Nierenentwicklung** sollten in der Prüfung eigentlich kein Problem darstellen, wenn man dieses Thema verstanden hat. Neben Abb. 16, S. 55 sollte man sich die folgenden Aussagen einprägen, da sie sehr gerne gefragt werden:

- Die Ureterknospe ist von metanephrogenem Blastem umgeben.
- Das Nierenbecken entsteht aus der Ureterknospe.
- Das Konvulut des distalen Tubulus des Nephrons entsteht aus dem metanephrogenen Blastem.
- Die proximalen Tubuli entstehen ebenfalls aus dem metanephrogenen Blastem.
- Die Sammelrohre entstehen aus der Ureterknospe und damit NICHT aus dem metanephrogenen Blastem.

Zum Thema **Entwicklung der Harnblase und des Urachus** wurde schon des Öfteren gefragt, dass

- der Urachus den Rest des Allantoisgangs darstellt und
- beim Neugeborenen der Austritt von Urin im Bereich des Nabels auf eine persistierende Urachusfistel hinweist.

Die Zusammenfassung der **Bandverhältnisse** im Oberbauch verspricht zahlreiche Examenspunkte:

- Aus dem Mesogastrium dorsale entstehen
  - das Ligamentum gastrosplenicum,
  - das Peritoneum der Hinterwand der Bursa omentalis,
  - Anteile des adulten Mesocolon transversum und
  - das Omentum majus.

- An die Bursa omentalis grenzen
  - das Pankreas,
  - der Magen,
  - die Leber,
  - die Milz,
  - das Omentum minus und
  - das Ligamentum gastrocolicum.

- Das Ligamentum gastrocolicum setzt an der Curvatura major des Magens an. Es ist mit der Taenia omentalis des Colon transversum verwachsen und entwicklungsgeschichtlich ein Derivat des Mesogastrium dorsale.
- Das Ligamentum gastrocolicum enthält die Arteria gastroomentalis dextra. Es ist an der Wandbildung der Bursa omentalis beteiligt und setzt sich nach links in das Ligamentum gastrosplenicum fort. Außerdem ermöglicht es den Zutritt von Arterien zur großen Kurvatur des Magens.
- Das Ligamentum falciforme hepatis geht aus dem ventralen Mesogastrium hervor und ist somit eine Bauchfellduplikatur. Es befestigt sich an der Facies diaphragmatica hepatis, führt in seinem unteren Rand das Ligamentum teres hepatis und geht am Zwerchfell in das Peritoneum parietale über.
- Das Ligamentum hepatogastricum entsteht aus dem Mesogastrium ventrale.

Zum Thema **Mitteldarm** wurden bislang folgende Fakten des Öfteren gefragt:

- Die Omphalozele (Persistenz des physiologischen Nabelbruchs) ist von Amnion bedeckt und enthält Anteile des Mesenteriums sowie Dünndarmabschnitte.
- Der Bruchsack ist eine Auftreibung der Nabelschnur.
- Die Wand des Bruchsacks enthält KEINE Bauchwandmuskulatur.

Die **Entwicklung der Genitalorgane** wurde schon ewig nicht mehr gefragt. Bei den (uralten) Fragen reichte es, zu wissen, dass sich aus dem Wolff-Gang innere männliche und aus dem Müller-Gang innere weibliche Genitalorgane bilden.

## FÜRS MÜNDLICHE

Auch hier gilt es, einen guten Überblick über die Entwicklung der Bauchorgane zu haben und diesen auch in der Prüfung deutlich machen zu können. Tipp: Eine selbstgezeichnete Abbildung hilft dir, die eigenen Ausführungen zu verdeutlichen und die Prüfungszeit zu deinen Gunsten zu nutzen.

1. **Bitte erläutern Sie, was das metanephrogene Blastem ist.**
2. **Erklären Sie bitte, was der Wolff-Gang ist.**
3. **Erläutern Sie bitte, was die Ureterknospe ist.**
4. **Erklären Sie bitte, wozu der Dottersack dient.**
5. **Bitte erklären Sie, wie der Darm rotiert.**
6. **Erklären Sie bitte, was aus dem Mesogastrium ventrale wird.**
7. **Bitte erläutern Sie, was ein Meckel-Divertikel ist.**
8. **Erläutern Sie bitte, woran man am „fertigen Menschen" sieht, dass sich der Mitteldarm während der Embryonalentwicklung um 270° gedreht hat.**
9. **Bitte erläutern Sie, woran man die Übergänge zwischen den einzelnen Abschnitten des primitiven Darmkanals sieht.**
10. **Erklären Sie bitte, was als „physiologischer Nabelbruch" bezeichnet wird.**
11. **Nennen Sie den Unterschied zwischen dem Mesogastrium dorsale und dem Mesogastrium ventrale.**
12. **Erläutern Sie bitte, warum nur der rechte Vagus das Pankreas innerviert.**
13. **Erläutern Sie bitte, worin sich die Morgagni-Hydatide bei Mann und Frau unterscheidet.**

---

**1. Bitte erläutern Sie, was das metanephrogene Blastem ist.**
Das metanephrogene Blastem ist der Teil der Nachniere, aus dem das Nierenparenchym mit proximalem und distalem Tubulus, Henle-Schleife sowie Glomerulum entstehen.

**2. Erklären Sie bitte, was der Wolff-Gang ist.**
Der Wolff-Gang entwickelt sich aus dem Vornierengang. Aus ihm entstehen beim Mann die inneren Genitalorgane, bei der Frau bleibt als Rudiment nur der Appendix tubarius (Morgagni-Hydatide) bestehen.

**3. Erläutern Sie bitte, was die Ureterknospe ist.**
Der Teil der Nachniere, der kranial auf dem Ureterstiel sitzt, wird als Ureterknospe bezeichnet. Aus ihr entwickeln sich das Nierenbecken mit dem Kelchsystem sowie die Sammelrohre. Sie ist vom metanephrogenen Blastem (ebenfalls aus der Nachniere) umgeben.

**4. Erklären Sie bitte, wozu der Dottersack dient.**
Zum einen entstehen die Keimzellen aus dem Dottersack, zum anderen wird er während der Entwicklung zwischenzeitlich als Reservoir für den sich überproportional schnell entwickelnden Mitteldarm (spätere Dünn- und Dickdarmanteile) genutzt. Diesen Vorgang bezeichnet man als physiologischen Nabelbruch.

+ Blutbildung?

**5. Bitte erklären Sie, wie der Darm rotiert.**
Der primitive Darmkanal macht im Bereich des Magens eine Drehung um 90 ° im Uhrzeigersinn (linker Vagus vorne, rechter hinten...), im Bereich des Mitteldarms vollzieht er eine Drehung um 270° gegen den Uhrzeigersinn, was man am Verlauf des Colonrahmens (Colon ascendens, 90° Flexur zum Colon transversum, 90° Flexur zum Colon descendens, 90° Flexur zum Sigmoid) auch beim Erwachsenen noch nachvollziehen kann.

**6. Erklären Sie bitte, was aus dem Mesogastrium ventrale wird.**
Das Ligamentum falciforme hepatis und das Ligamentum hepatogastricum. Im Mesogastrium ventrale liegt die Leber.

**7. Bitte erläutern Sie, was ein Meckel-Divertikel ist.**
Der Rest des Ductus omphaloentericus.
Es liegt am Scheitelpunkt der ehemaligen Nabelschleife, etwa 60–90 cm proximal (oral) der Ileocaecalklappe im Ileum.

**8. Erläutern Sie bitte, woran man am „fertigen Menschen" sieht, dass sich der Mitteldarm während der Embryonalentwicklung um 270° gedreht hat.**
Am Dickdarm: Der Übergang zwischen Colon ascendens und transversum beträgt 90°, zwischen Colon transversum und -descendens 90° und zwischen Colon descendens und Sigma wiederum 90°. Das macht insgesamt $3 \cdot 90° = 270°$.

**9. Bitte erläutern Sie, woran man die Übergänge zwischen den einzelnen Abschnitten des primitiven Darmkanals sieht.**
Vorderdarm-Mitteldarm:
- Anastomose zwischen A. pancreaticoduodenalis sup. (aus der A. gastroduodenalis) und A. pancreaticoduodenalis inf. (aus der A. mesenterica sup.).

Mitteldarm-Enddarm:
- Riolan-Anastomose (zwischen Ästen der A. mesenterica sup. und –inf.).

**10. Erklären Sie bitte, was als „physiologischer Nabelbruch" bezeichnet wird.**
Die Verlagerung eines großen Teils des Mitteldarms in den Dottersack und somit die Entwicklung/das Wachstum des Mitteldarms außerhalb der Bauchhöhle (zwischen der 6. und 12. Woche).

**11. Nennen Sie den Unterschied zwischen dem Mesogastrium dorsale und dem Mesogastrium ventrale.**
Das dorsale Mesogastrium zieht von kranial bis nach kaudal den gesamten primitiven Darmkanal entlang, das ventrale endet schon auf Höhe des Bauchnabels.

**12. Erläutern Sie bitte, warum nur der rechte Vagus das Pankreas innerviert.**
Durch die Magendrehung um 90° im Uhrzeigersinn kommt der rechte Vagus dorsal, der linke ventral zum Liegen. Somit weist nur der rechte eine enge topographische Beziehung mit dem Pankreas auf.

**13. Erläutern Sie bitte, worin sich die Morgagni-Hydatide bei Mann und Frau unterscheidet.**
Beim Mann bezeichnet sie die Reste des Müller-Gangs und wird auch Appendix testis genannt, bei der Frau die Reste des Wolff-Gangs und wird auch Appendix tubarius genannt.

Herzlichen Glückwunsch! Ihr seid am Ende der Embryologie angekommen - einem Thema, das die wenigsten Mediziner mögen. Ich hoffe, ihr hattet dennoch ein wenig Freude beim Lernen und konntet euer Wissen erweitern.

Mehr Cartoons unter www.medi-learn.de/cartoons

# Pause

Geschafft! Hier noch ein
kleiner Cartoon als Belohnung ...

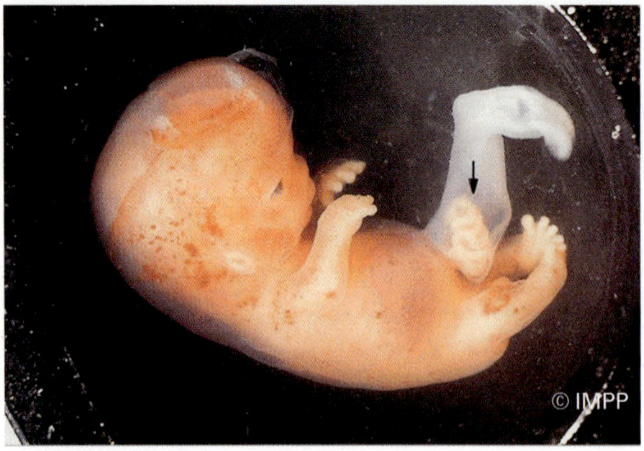


Zu sehen ist der physiologische Nabelbruch mit dem Nabelcoelom. Im Dottersack befindet sich der Mitteldarm. Reposition des Darms und Rückbildung des Dottersacks finden ab der 12. Woche statt.

**IMPP-Bild 1: Embryo in der 8. Woche**
*medi-learn.de/ana1-impp1*

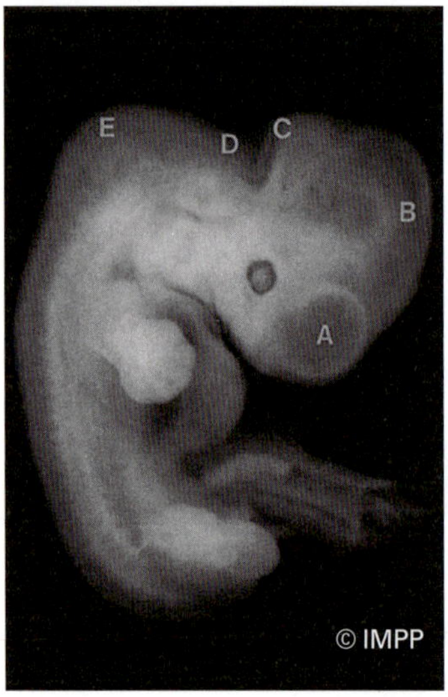


Zu sehen sind die 5 sekundären Hirnbläschen, die Einkerbung zwischen C und D heißt Brückenbeuge. A markiert das Telencephalon, B das Mesencephalon (das Diencephalon liegt in dieser Phase ventrokaudal des Telencephalons), C die Kleinhirnanlage (Metencephalon), D die Medulla oblongata (Teil des Myelencephalons) und E das Rückenmark.

**IMPP-Bild 2: Embryo in der 6. Woche**
*medi-learn.de/ana1-impp2*

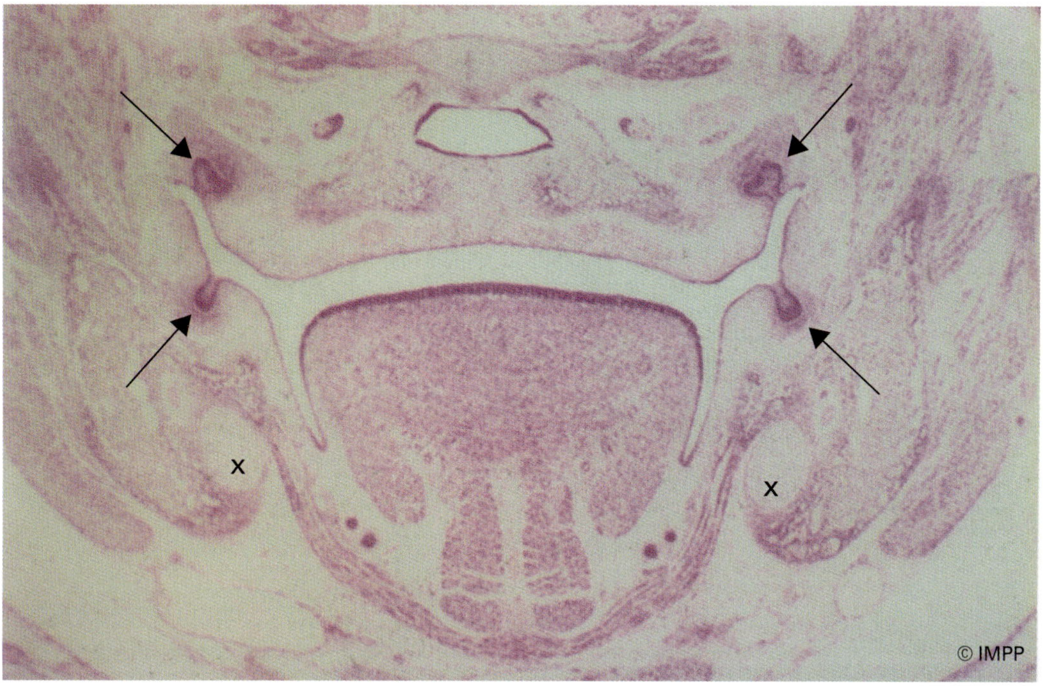


**IMPP-Bild 3: Frontalschnitt durch den Kopf in der Fetalzeit**
*medi-learn.de/ana1-impp3*

Es sind 4 Zahnanlagen zu erkennen (s. Pfeile), x markiert den Meckel-Knorpel.

# Index



Index

# Feedback

**Deine Meinung ist gefragt!**

Es ist erstaunlich, was das menschliche Gehirn an Informationen erfassen kann. Slbest wnen kilene Fleher in eenim Txet entlheatn snid, so knnsat du die eigneltchie lofnrmotian deoncnh vershteen – so wie in dsieem Text heir.

Wir heabn die Srkitpe mecrfhah sehr sogrtfältg güpreft, aber vilcheliet hat auch uesnr Girehn – so wie deenis grdaee – unbeswust Fheler übresehne. Um in der Zuuknft noch bsseer zu wrdeen, bttein wir dich dhear um deine Mtiilhfe.

Sag uns, was dir aufgefallen ist, ob wir Stolpersteine übersehen haben oder ggf. Formulierungen verbessern sollten. Darüber hinaus freuen wir uns natürlich auch über positive Rückmeldungen aus der Leserschaft.

Deine Mithilfe ist für uns sehr wertvoll und wir möchten dein Engagement belohnen: Unter allen Rückmeldungen verlosen wir einmal im Semester Fachbücher im Wert von 250 Euro. Die Gewinner werden auf der Webseite von MEDI-LEARN unter www.medi-learn.de bekannt gegeben.

Schick deine Rückmeldung einfach per E-Mail an support@medi-learn.de oder trag sie im Internet in ein spezielles Formular für Rückmeldungen ein, das du unter der folgenden Adresse findest:

www.medi-learn.de/rueckmeldungen